男人三十 取舍之道

释颢◎编著

中国华侨出版社
·北京·

图书在版编目 (CIP) 数据

男人三十取舍之道 / 释颢编著 .—北京：中国华侨出版社，2012.7（2024.7 重印）

ISBN 978-7-5113-2377-4

Ⅰ.①男… Ⅱ.①释… Ⅲ.①男性 - 人生哲学 - 通俗读物 Ⅳ.① B821-49

中国版本图书馆 CIP 数据核字（2012）第 086843 号

男人三十取舍之道

编　　著：释　颢
责任编辑：唐崇杰
封面设计：胡椒书衣
经　　销：新华书店
开　　本：710 mm × 1000 mm　1/16 开　　印张：12　　字数：136 千字
印　　刷：三河市富华印刷包装有限公司
版　　次：2012 年 7 月第 1 版
印　　次：2024 年 7 月第 2 次印刷
书　　号：ISBN 978-7-5113-2377-4
定　　价：49.80 元

中国华侨出版社　北京市朝阳区西坝河东里 77 号楼底商 5 号　邮编：100028
发 行 部：（010）64443051　　　传　　真：（010）64439708
网　　址：http://www.oveaschin.com　　E-mail：oveaschin@sina.com

如果发现印装质量问题，影响阅读，请与印刷厂联系调换。

前 言
Preface

三十岁是人生的一道分水岭，也是漫漫人生路上的一个新的起跑点。站在人生的起跑点上需要一份睿智和成熟，而三十岁男人的心智恰恰都得到了升华。

三十岁的男人，没有了二十岁的青涩，也未沾染四十岁的世故，正如同一杯醇正的咖啡，一切都恰到好处，一切都还那么美好！三十岁的男人，在漫漫人生道路上步伐显得更加坚定稳重，挫折时不退缩，得意时不失态，一切都拿捏得那么到位，而又那么魅力十足！三十岁的男人，懂得从失败中总结教训，又从教训中摸索成功道路。他们更懂得有时坚持一份信仰甚至比生命还要重要。

人到了三十岁的年纪，有一份执着的梦想藏于心底。男人而立，虽然走过了青葱岁月，但是向前看征途依然漫长。三十岁的男人既要有所为，又要有所不为；得之淡然，失之坦然，争其必然，顺其自然。三十岁的男人思考着怎样实现自己事业上的理想，拥有幸福的爱情和家庭，但是面对各种各样的诱惑和选择，仍然迷惑着，徘徊着，纠结着，同时也取舍着。

结合于中国的国情和人们的传统观念，相对于每一位男人来说，

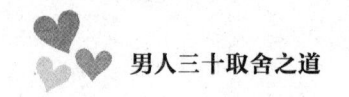

从儿时呱呱落地那一刻开始，就注定承载了大家族里长辈许多超乎现状的光荣和梦想；生活上，家人对其关爱有加；学习上，家人对其严格要求。

而当他终于成年融入社会之后，家人又会按照这个社会设置的成功男人的准则去要求他们。世间诱惑太多，未来的路途又太遥远，男人需要时刻面对取舍的问题。不知不觉间，男人已经三十岁，在一个不大不小的年龄段，男人一定要学会取舍，才能在未来的生活中成长为顶天立地的男子汉。

男人不懂得取舍，就容易在未来走弯路、摔跟头，给他自己及家庭带来灾难。现实当中，许多男人徘徊在人生的十字路口，面对着种种的诱惑，什么都想干，却什么也做不成。不懂得如何取舍，让一些微不足道的事情占据了自己的生活，还觉得自己的人生一片黑暗，找不到未来的方向。

实际上，男人都有一股豪气，无论是面对生活或是事业，每个男人都渴望取得成功，渴望靠自己出人头地。但成功不是天上掉馅饼，它需要男人通过努力和付出而实现。有些时候努力了、付出了却没有得到成功，因为机遇只垂青那些懂得取舍、有正确判别力的男人，成功属于有准备的头脑，男人的财富和地位要靠自己去权衡、去取舍，才容易得到。

总而言之，男人三十岁，真的有太多的事情要去做，太多的东西要去学，太多的理想要去实现，当然也有太多太多的得到与失去要去选择和取舍⋯⋯

本书通过一个个精妙的案例，和精彩的评述，由内而外的展现三十岁男人的内心世界，力求帮助读者摆脱内心的困惑，在未来的人生轨迹中走得更顺，行得更远。

目录 Contents

第一章

取信舍疑——男人30岁的心理塑造

从羊到狼,男人心理的成熟蜕变 //002

向别人展示一个刚强的笑容 //005

用感恩的心,迎接生活的磨砺 //009

生活不必太精明,大智若愚又何妨 //014

第二章

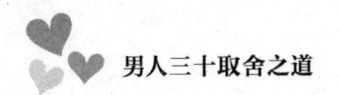

取进舍退——做好职场人生的每一个选择

善用人情关系，谋取上司信任 //020

老板再好，也不可能成为你的哥们 //024

龙门有风险，跳槽需谨慎 //028

辞职，也是一门学问 //034

终极选择——自主创业 //038

第三章

取智舍愚——用智慧打开财富的大门

善于捕捉信息，才能不断丰富自己 //044

我们的口号是：取其精华，去其糟粕 //048

养成自我总结的好习惯 //052

随时充实"智囊库"，人生何处不潇洒 //056

靠智慧赢得财富 //060

第四章

取广舍窄——抓住人脉,未来永不困惑

掌握最具魅力的社交策略 //066

努力掌握交谈的主动权 //069

以德服人,平易近人 //073

有时退一步就是前进 //077

敢于说"不",但不要得罪人 //081

第五章

取爱舍恨——用爱经营自己的幸福一生

别把婚姻当"围城" //086

充当婆媳之间的"润滑剂" //091

多花点心思在孩子身上 //095

工作是为了家,而不是让你忘了家 //099

切莫淡薄了人之常情 //104

第六章

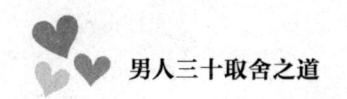

取雅舍俗——品位生活，品味人生

打造男人三十岁的翩翩风度 //110

善于装扮的男人"电力"更足 //114

追求高雅，拒绝"随大流" //118

时尚的男人才能 Hold 住全场 //121

男人提升修养才更有气质 //125

第七章

取变舍守——摒弃陈旧，树立创富新观念

摸清自己的"理财性格" //132

生活理财要守中有变 //137

做一个多面手的理财"主夫" //140

网上理财，理出自己的精彩 //144

走出中国式的理财误区 //148

第八章

取健舍病——
保持健康体魄，达到身心完美

三十岁，男人健康的分水岭 //154

生活有规律，才会有美丽的生命律动 //159

合理膳食，轻松走出饮食误区 //163

走出"盒子"，亲近自然 //168

为了健康，请戒除不良习惯 //173

心理健康才能潇洒职场 //176

第一章
CHAPTER 1

取信舍疑——
男人30岁的心理塑造

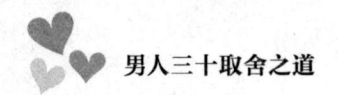

从羊到狼，男人心理的成熟蜕变

在当今这样一个快速发展的社会中，人们更愿去看结果，而对蝶化前的痛苦蜕变过程缺乏关注。然而，每一个光芒四射的男人背后，必定有一段鲜为人知的沧桑历程。从男孩到男人蜕变的过程，可谓是千锤百炼，在这过程中，男人的心性也发生了显著的变化——完成了从羊到狼的转化。羊是温顺软弱的，在残酷的经济社会竞争中难免会受到各种伤害；而狼是凶狠的，它懂得坚毅才是适合这个社会的最好性格。30岁的男人就像穿着羊皮的狼，慢慢地褪去那一层绒毛，露出自己的尖牙利齿，开始闪耀出夺目的锋芒！

三十岁的男人大多已经完全脱离了父母的管辖与呵护，开始独立生存。每天要面对来自生活方方面面的各种问题和压力。有些人倒下了，有些人却奋勇地爬起来继续前行。那些不畏艰险迎难而上的好男儿一定是铁血男子汉，他们敢于直面惨淡的人生，正视淋漓的鲜血。三十岁的男人，已经老大不小了，你应该把自己的身心锻炼得更加坚强，像一匹野狼追逐猎物般的笃定坚毅，完成从羊到狼的成熟蜕变。

第一章 取信舍疑——男人30岁的心理塑造

遥想三十岁之前的那段青葱岁月,自己也曾是意气风发、指点江山的有志少年,也曾信誓旦旦地要有一番伟大的成就。但在岁月长河的冲蚀下,心中的那朵梦想之花是否开始凋零,枯萎?也许你已开始向生活妥协,缓缓地低下了高傲的头颅,自信和梦想也都埋葬进了内心深处。可当一曲《老男孩》响起的时候,又勾起了多少80后男人的心声呢?!看的时候你又是否因想起了当初的梦想而感动落泪了呢?是的,你的心底都还埋藏着一个梦想,只需给自己一份自信去复燃它,难道你就真的就想碌碌无为地过完一生?

其实,大部分人并不是不能度过辉煌的一生,而是他们在黎明前往往看到的只是天亮之前的黑暗,而自信的人却能看到黑暗过后的黎明。这两种不同的心态造就完全不同的人生。

张朝阳是陕西的一位皮肤略微黝黑的汉子,稍微熟悉他的人都很清楚他的人生轨迹并不平凡。张朝阳小时候是一个兴趣广泛的孩子,学过画画,做过飞机航模,还拉过二胡,后来又梦想当一位物理学家,赢取诺贝尔奖。梦想与现实总是有差距的,后来的他又不得不到美国留学,1993年,在麻省理工学院念了几个月的物理学博士之后,张朝阳忽然觉得学了很多年的物理学并不适合自己。梦想又一次变得缥缈。但他并没有沉沦,相反他看中了和中国相关的商务活动,他很侥幸地在学院谋得亚太地区中国联络官的角色,这个角色让他有了频频回国的机遇。

1995年,他又忽然有了回国创业的强烈动机,美国随处可见的"硅谷"式创业更是激起了他的热诚。他分明地感受到互联网经济极为惊人的贸易和社会价值,于是下定了创业的决计。他与ISI总裁融资100万

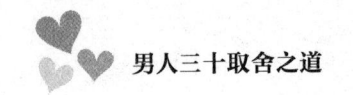

美元，开始了中国因特网的开拓之旅。

　　万事开头难，第一次融资得来的 18.5 万美元已所剩无几，快到了连工资都开不起的境地。然而，几经融资的困境而不倒，张朝阳已造就了钢一般的信心。1998 年 2 月，张朝阳正式推出了中国第一家全中文的网上搜索引擎——搜狐（SOHU）。至此，幸福的大门终于为他打开。搜狐的成长也见证了一头陕北狼的诞生，他就是与王志东、丁磊合称为"网络三剑客"之一的张朝阳。

　　张朝阳就是一个鲜活的例子，他在人生跟他开玩笑的时候并没有一味痛苦，躲在阴影中暗自啜泣，而是凭借自己的心态转变，不畏漫长的痛苦蜕变，最终拿下了中国网络的第一块沃土。同为男人，难道您不应该向他学习？不应该用一种狼性的思维去闯荡江湖，实现自己心中的理想和目标吗？

　　三十岁之前，你可以喜怒无常，可以意气用事，也可以在父母的荫庇下不计较后果。但你现在已是三十岁，没有资本胡闹了，你应该转变自己的心态，使之更成熟稳重，敢于坦然接受生活的一切考验，而不是像只羔羊般怯怯懦懦去寻求呵护与帮助。你得学会独立，转变心态，做一匹坚强独立的狼。

　　是的，男人就应该像狼，在你到达三十岁的时候，就应该褪去身上那层软绵绵的羊毛，露出坚硬的爪牙，划破黎明前的黑暗——完成从羊到狼的蜕变！这种蜕变必定是痛苦的，也可能要经历一段无人问津的孤单岁月，但是作为一位三十岁的男人，就应该学会去接受这份生命的洗礼。三十岁的男人每经历一次跌倒，心态就更沉稳，笑容也更乐观，因为他已懂得吃苦是福，只有千锤百炼的钢才能打造出最锋利的利刃，一下刺中人生的命喉！

在当今这个风云变幻，有着各种可能的社会里，只要你敢于相信自己，给自己一个方向，并且风雨兼程地走下去，那么你终将会走向幸福的彼岸。而在这之前，你必须记住，把自己变成一只狼，用狼的敏锐视角去打量这个世界，用狼一样的精神去坚持属于自己的那份坚持，用狼一样的品格百折不挠的走向成熟。

取舍之道

三十岁的男人从一只羊变成一匹狼的过程是很不寻常的，只有尝遍了生活的艰辛，才会懂得那份辛酸和痛苦。心里住着一匹狼的男人，将会变得更加成熟，理性，睿智，幽默，坚毅，大度，乐观，自信，转而取代那些胆怯、懦弱、自卑等不良的心态和情绪，变得愈加完美。

向别人展示一个刚强的笑容

笑容有很多种，大笑，微笑，苦笑，皮笑肉不笑，然而在面对艰险

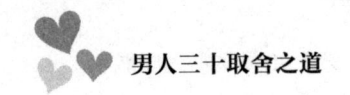

时那种从骨子里洋溢出来的刚强笑容才是最美的。男人到了三十岁，面对的压力与责任也越来越多，是选择垂头丧气，还是洗把脸对着镜子给自己来一个依旧灿烂的笑容呢？笑容，永远是一个男人无比大气的体现，也是他们在面对困难时候最为完美的心理态度。

男人到了三十岁，相比以往似乎沉默了许多。他们每天得面对家里家外多种多样的压力，每天忙碌的生活节奏已令他无暇思考笑容在生活里占了多少成分。男人会在被妻子误解时苦涩地一笑，被领导训斥时歉疚地微笑，被孩子追着闹着要买一件贵重的玩具时无奈地一笑。这么一看，男人在生活中似乎也笑了很多。可是那似乎都夹杂着那么一点淡淡的苦涩。其实，三十岁的男人真的应该时不时地留给自己一个刚强的笑容，在风雨来临时爽朗地一笑，然后大声地告诉自己："我行！我能行！"这又是一种何等的气魄和胸怀啊！

在我们的生活中，总能看到一些被生活的担子压得直不起腰的男人，他们似乎已经忘却了笑是什么样子了。其实，笑很简单，那不过是嘴角微微上扬就能做到的事情，然而就是这么简单的事情，他们做起来仍然是如此的困难。微笑不仅能够传递他人快乐，还可以使自己身心愉快。从某种角度来说，笑就是内心健康的一种外在表现，它能准确地显示你的心情状态。所以，不管你内心有多少纠结的事情，不管你今天是不是真的很开心，还是对自己多笑一笑吧，人们常说，笑一笑十年少。生活的真实面目就是一面镜子，你对它微笑它也对你微笑。它在等待着你的微笑，等待着你内心的那份刚强，等待着你向这个世界证明自己的强大。

第一章　取信舍疑——男人30岁的心理塑造

比尔·盖茨，最令人不能忘记的就是他成功的经验，他说过这样一段话："我成功是因为当所有的人都沉浸在失败的痛楚中，我却早已开始了新的设计。当所有的人都享受在成功的喜悦中，我却早已尝试着失败。中国有句名言，'胜不骄，败不馁'，我之所以不被胜利和欢喜击倒，也不会被失败和懊恼摧残，这里面只是一个微笑而已。"当微软的系统不断出现漏洞被竞争对手嗤笑的时候，盖茨领导手下研制的系统补丁总是在第一时间奉献给用户，让客户继续放心使用他的软件。世界首富们和常人不同之处，就是脸上多了份发自内心的微笑，他们更懂得在困难来临时选择微笑以对。他们看到的是挑战，是激情。他们觉得这些苦难恰恰是他走向更加完美境界的台阶。正是有着这样一颗刚强自信的心，盖茨才能笑傲商场。

霍金也是一生坎坷，在他21岁的时候被确诊患上了肌萎缩侧索硬化症，这种病会使他的身体越来越不听使唤，只剩下心脏、肺和大脑还能运转，最后连心肺功能也会丧失，当时大夫预言他只能再活两年。可是霍金的脸上仍挂着微笑，虽然略显僵硬却显示着他不向生命低头的刚强。之后他克服身患残疾的种种困难，于1965年进入剑桥大学冈维尔和凯厄斯学院任研究员。这个时期，他在研究宇宙起源问题上，创立了宇宙之始是"无限密度的一点"的著名理论。他因患卢伽雷氏症（肌萎缩性侧索硬化症），禁锢在一张轮椅上达20年之久，他却身残志不残，使之化为优势，克服了残废之患而成为国际物理界的超新星。他不能写，甚至口齿不清，但他超越了相对论、量子力学、大爆炸等理论而迈入创造宇宙的"几何之舞"。尽管他那么无助地坐在轮椅上，他的思想却出色地遨游到广袤的时空，解开了宇宙之谜。每次召开记者招待会，总会

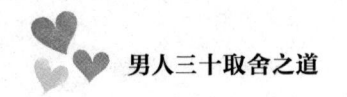

看到他脸上那抹坚强的微笑，让人感动。

坦然一笑是悲观者与乐观者的一个最具代表性的区别。想想爱迪生在选择灯丝材料的时候，不知道经历了多少次失败。每当又经历了一次失败，他的助手都会懊恼沮丧，而爱迪生却笑着说："有什么令人烦恼的，失败一次，就证明我们排除了一个错误答案，离成功近了一步！"最终他还是用自己刚强的笑容把世界照亮了。

是的，笑容可以让你在遇到成功瓶颈的时候迎难而进，当你迎着困难逆流而上，在压力的重负中依然保持着不屈无畏的笑容，也许下一刻成功就会属于你。然而一味懊恼抱怨垂头丧气，也许成功就与你擦肩而过了。由此可见，笑容的确是充满着神奇的力量。所以，千万别小看挂在脸上的笑容，它真的可以给你蔑视困难的勇气，真的有力量改变你的一生。

扬起笑容真的很困难么，不，它真的很简单。嘴角微微上翘，你的心情也会随着这个面部动作有阴转晴，也许刚开始的时候你只不过在装模作样，但时间一长你就会发现，你真的开始发自内心保持这样的表情了。在面临种种挫折和不幸的日子里，笑里必须多一份坦然；在心情极为忧郁的日子里，笑里应该增加一些自信，在不被理解受误解的日子里，笑里就要加一丝放荡。笑不难，难的是把握笑的标尺。

三十岁的男人，应该多一份成熟，多一份自信，托一份坦然。面对自己不要过于苛求，不要过于放纵，更不要太吝啬，手里应该拿着生活的天平，来寻找自己微笑的标尺。每天对生活微笑，对他人微笑，对自己微笑，生活回馈给你的不仅仅是微笑，还有大大的幸福。

第一章 取信舍疑——男人 30 岁的心理塑造

相信自己吧！不要抱怨生活给了自己太多的磨难、太多的曲折和太多的痛苦，给自己一份微笑！让你多一份坦然，少一份拘谨；增加一些快乐，减少一些悲伤；加一些自信，减一丝自卑。总而言之，男人到了三十岁，脸上的微笑就代表着一种自己对于人生的态度，不管经历怎样的苦痛，都勇敢地给自己一个刚强的微笑。那虽然不过是一个简单的表情，却凝聚了一个男人困难面前五局强敌的英雄魅力。

> **取舍之道**
>
> 男人三十，已经历了很多世事，也看淡了许多是非。脸上挂着一种淡定的笑容，在挫折来临时爽朗一笑迎难而进；在成功时又淡然一笑，低调而内敛。笑容可以让三十岁的男人更加有魅力！扫除心中的阴云，爽朗的笑对每一天吧！

用感恩的心，迎接生活的磨砺

有人视苦难为绊脚石，也有人把苦难作为上升的垫脚石。两种不同的心态造就不同的人生。前者多半沉沦一生，而后者却激流勇进，获得成功。所以，以感恩之心面对生活，那么生活也将回馈你优厚的

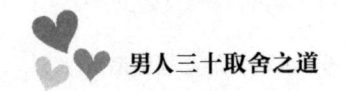

回报。

　　人生能有几个三十年？在生活苦难来临的时候你是选择抱怨呢还是换一种态度积极应对？三十岁的你在心智方面已足够成熟，不会再像以往遇见困难时不知所措，因为你已经经历过，你的经验告诉你抱怨是没有用的，眼泪也是无济于事的，如果你可以转换心态，以一种感恩的心态应对生活给予的挫折和考验，那么30岁的你将更加有男人味，也更能攫住命运的咽喉。

　　一株小草虽然朴实无华，却能开出像海一样湛蓝的小花；一只鸟儿毫不起眼，也可以在枝头上展现属于自己的唯美歌喉并以此来回报上天对自己恩赐；一棵大树几千成长用它的枝繁叶茂来感谢大地给予它存活的生命。即便是到了冰雪封冻的环境，仍然有许多生命在那里跳舞欢歌，维系着那永不枯竭的暖意。这一切的一切怎能说不是一种莫大的感恩呢。同样当一个男人仰望苍天，回忆着自己所历经的三十年风雨，眼神中也必然包藏着一份敬畏和感激。是的，那是男人走向成熟以后必须修炼的一堂人生课，他的世界因为有了感恩而变得别样精彩。

　　一次，美国前总统罗斯福家里失盗，被偷去了许多东西，一位朋友闻讯后，忙写信安慰他，劝他不必太在意。罗斯福给朋友写了一封回信："亲爱的朋友，谢谢你来信安慰我，我现在很平安。感谢上帝：因为第一，贼偷去的是我的东西，而没有伤害我的生命；第二，贼只偷去我部分东西，而不是全部；第三，最值得庆幸的是，做贼的是他，而不是我。"对任何一个人来说，失盗绝对不是一件值得庆幸的事，而罗斯福却找出

第一章 取信舍疑——男人30岁的心理塑造

了感恩的三条理由。

人生不如意者常八九,伟人之所以与常人不同,是因为他们很乐观地看待挫折与磨难。如果你也以感恩之心看待生活给予的苦难,并奉行"吃苦是福"的观念,相信在你的努力和坚持下,天道酬勤!相反,如果只是一味地抱怨生活对你不公平,那么你仍旧只能原地打转毫无进步,甚至相比身旁的好友,在他们激流勇进的时候你已经落后了。落后就要挨打,那样你将输得更惨。三十岁的你还有时间去抱怨生活吗?

据调查,那些在生活中懂得感恩的人往往最容易受大家欢迎,懂得感恩的人有一颗善良真诚的心,这样的人更懂得生活,生活也将回报他。记得陈红有一首歌叫《感恩的心》,"我来自偶然,像一颗尘土,有谁看出我的脆弱,我来自何方,我情归何处,……我看遍者人间坎坷辛苦,我还有多少爱,我还有多少泪,要苍天知道,我不认输,感恩的心,感谢有你……"这朴实无华的词句,写出了浓浓的情意,也唱出了世上万物应该感恩的哲理。

这个世界上没有什么东西是想当然应该就属于你,别人没有义务听你的抱怨,没有义务为你提供帮助,甚至没有义务听你把话说完。但是当对方耐心地为你付出了自己的时间,精力用心地为你提供各种帮助和建议,你的心难道就不能满怀那么一点点感激么?是的人与人之间需要相互感恩,女人如此,男人更是如此,人们常说滴水之恩当涌泉相报。男人的本色在于知恩知礼,只有真真正正做到了这两点,在自己的生活中患者感恩之心不断的经受磨砺才能够一步步地走向成熟,走向属于自己的成功。

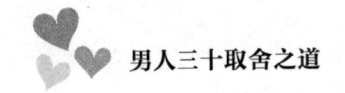

李某，大学刚毕业，法律系研究生。像所有求职的人一样，屡次被用人单位拒之门外，他跑遍京城大大小小的招聘会，大多都不愿意要这些刚毕业的学生。不是嫌他们没有经验，就是嫌他们心浮气躁。

就在他几乎要绝望的时候，他再一次地来到某招聘会上，他还是像以前那样，主动介绍自己。但这次他在介绍完自己以后，大胆地向用人单位鞠了三个躬说："谢谢你能听完我的介绍。谢谢看完我的简历。"

李某离开以后，用人单位觉得这个人很有礼貌，便在简历上作了标注。

没过多久，用人单位通知他第二次去面试，他欣然地去了。他没有穿什么高档品牌衣服，而是挑了件干净整洁的衣服穿上了。复试的题目是五分钟的自由演讲。他的演讲题目是"怀着感恩的心去工作"，等演讲一结束，立刻赢得了用人单位的一致好评。不久，李某便成为这家单位的法律顾问。

因为感恩，这位研究生小伙子终于找到了自己职场征程的第一个职位，作为一个三十岁的男人，我们不仅要懂得感恩工作，用赚来的钱养活自己，更要懂得感恩父母，回报他们的养育之恩。处于三十岁这个年龄的男人想必父母已经是两鬓斑白，他们为我们付出了那么多，难道我们就不应该抽出点时间好好陪陪他们吗？要知道时间就在这样一点点的匆匆流逝，不要等到没有时间挽回的时候，才在一边后悔哀叹。真正的感恩，应该在生活的每一个细节间体现出来，当我们怀着一颗感恩的心去面对自己的家人，自己也同样会沉浸在那份属于自己的温暖中。

在感恩的历史长河中，流淌着多少古今中外名人感恩的小故事。古有小黄香在寒冷的冬天,先用自己的体温暖了席子,才让父亲睡到温暖的床上;今有伟人毛主席,邀请他的老师参加开国大典;朱总司令蹲下身,亲自为妈妈洗脚。还有居里夫人,寄去机票,让她的小学老师欧班来参加镭研究所的落成典礼,居里夫人还亲自把老师送上主席台。由此看来,伟人之所以伟大,名人之所以成为名人,是因为他们都拥有美好的心理品质——感恩。感恩生命,感恩社会,感恩父母,感恩朋友,感恩工作,感恩大自然……人一生需要感恩的东西太多太多,不如说感恩一切吧。三十岁的你要面对更多的挫折和困难,但还是感谢它们吧,是这些挫折让你变得更加坚硬,等你成功的那一刻,你会发现它们是你人生路上很好的垫脚石。只要怀着一颗感恩的心面对生活,相信在不远的将来必将收获更多意料之外的惊喜与感动。

取舍之道

男人从呱呱落地出生的那一刻开始,就要感恩父母,感恩这世界给了你无限风光。在人生的旅途上,还要感恩同舟共济的朋友,循循善诱的老板以及默默在背后支持你的爱人。以一颗感恩的心面对生活,人生将过得更加舒畅。苦难也会变成你前进的动力。感谢身边的一切,生命无限美好。

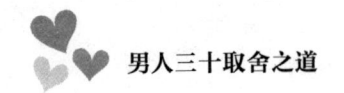

生活不必太精明，大智若愚又何妨

虽然男人在走向三十岁的时候心智也被磨砺得愈来愈成熟完美，但是生活是个综合体，你不可能把生活的每一面都修正得没有瑕疵，有时装一装傻，事情也就那么安静地过去了。有时装傻不言反而比处处都要讲明白更容易解决问题。所谓大智若愚，就是在生活中不必处处计较，该放手时就放手，也许什么不做反而比什么都要做还要管用。

任何这辈子没有千万不能太糊涂，因为太糊涂就必然会做很多吃亏不讨好的傻事儿。人这辈子也不能太明白，因为太明白就会失去生活下去的斗志，有些时候不知道结果也就包含着无限的希望。人们常说大智若愚才是最精明的行为，的确万事不要太较真，非要把一切搞得一清二楚，因为一旦结果在我们的心中过于清晰，就会无端地在我们心理上制造无数个纠结。所以有时候对一些事情不如适当地装装傻，到了三十岁的而立之年也不必凡事都追个究竟，天下之事难得糊涂，该糊涂的时候就装一下糊涂，得过且过并不见得就是逃避。这是一种处世圆通的好办法。有些事情让你无奈，也无法改变，那就傻傻的绕开它吧，相信过一阵子你会有更好的收获。

生活中我们总是会看到这样的场景，有些人看上去很精明，说的话也是一套一套，对待任何事情都力求搞得一清二楚，而事实是怎样的呢？他们往往总是给人一种很难接近的感觉。因为他们总是把一切事情搞得太明白，别人就会担心他会把自己搞得太明白，必定被人识破想法的感觉是非常无趣和尴尬的。相反有些人总是一副憨憨的样子，甚至有时候他们滑稽的表情总会引起大家的哄堂大笑，他们经常说自己忘记带什么东西，对某一事物怎么也弄不明白，但事实上真的如此么？也许真的未必，那也许是他们与人交往的一种策略，往往在带给别人施展空间的同时，使自己的形象更加的深入人心。大智若愚并不是教你笨，而是教你在遇到无可奈何和不可改变的事情面前学会圆通，不能因一时的意气用事而把事情变得更糟糕。现代人处处都在学精明，学心计，其实最上乘的人生兵法是大智若愚。憨憨的外表能迷惑你的对手，也能让你的心态更平和。等到一定时机，不鸣则已，一鸣惊人。这才是上上策。

公元1751年，郑板桥在潍县"衙斋无事，四壁空空，周围寂寂，仿佛方外，心中不觉怅然。"他想，"一生碌碌，半世萧萧，人生难道就是如此？争名夺利，争胜好强，到头来又如何呢？看来还是糊涂一些好，万事都作糊涂观，无所谓失，无所谓得，心灵也就安宁了。"于是，他挥毫写下"难得糊涂"。因此他被称为"真乃绝顶聪明人吐露的无可奈何语，是面对喧嚣人生，炎凉世态内心并发出的愤激之词。"郑板桥这辈子可以说是活得很明白的，他之所以兴叹"难得糊涂"，必然蕴含着自己对人生苦辣酸甜的诸多感悟。近代名士朱铁志认为"郑板桥是个极为清醒的人。唯其清醒，正派，刚直不阿，而对谗言无能为力时，才会有'难得糊涂'的感叹，'难得糊涂'的难在哪里呢？难在他毕竟清醒自明，心如明镜，无法对恶势力充耳不闻，视而不见；难在他一枝一叶总关情，对百姓的疾苦不能无动于衷。他只有假装糊涂，然则终不能无

男人三十取舍之道

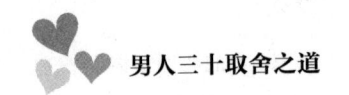

视现实，遂于痛苦于内，淡然于外，而生'难得糊涂'之叹。"

生活中本来就有太多无奈之事，有时也只能像郑板桥一样"难得糊涂"。难得糊涂其实是为人处世的一种大智慧。当忙碌的生活节奏让你来不及思考人生对策的时候，那么不妨糊涂一下吧，有时因傻得福，反而成为鹤蚌之争得利的渔翁，不亦乐哉。

战国末期秦国大将王翦奉命出征。出发前他向秦王请求赐给良田房屋。秦王说："将军放心出征，何必担心呢？"王翦说："做大王的将军，有功最终也得不到封侯，所以趁大王赏赐我临时酒饭之际，我也斗胆请求赐给我田园，作为子孙后代的家业。"秦王大笑，答应了王翦的要求。王翦到了潼关，又派使者回朝请求良田。秦王爽快地应允，手下心腹劝告王翦。王翦支开左右，坦诚相告："我并非贪婪之人，因秦王多疑，现在他把全国的部队交给我一人指挥，心中必有不安。所以我多求赏赐田产，名为子孙计，实为安秦王之心。这样他就不会疑我造反了。"王翦的请求看似没来由，却从中透露出他内心的深谋远虑。秦王认为他只是志在家业，而非国业。战后不仅不会惩罚他还会奖励他良田千顷。看似愚笨的请求不仅保全了姓名，还获得了功劳。实在是大智若愚之举。

三十岁的男人，正处于心智比较成熟的阶段。因而各方面都显得比较灵通有能耐。但是正因为如此，也许会起很多争端。就像孔夫子说的那样，"壮年戒于争"。意思就是说三四十岁的男人都爱争抢一份功劳来显示自己的与众不同。但是在这种你争我抢的氛围中一定会出现许多弊病，甚至输掉自己本不该丢掉的贵重东西。这时候就需要一份大智若愚的心态，让别人去争抢那份本来就虚幻的虚荣，自己静观其变，成为坐山观虎斗的智者。何乐而不为呢？

当下经常流行这样一句话："我不说，不一定我真的不知道，我装傻，不一定说我就真的脑袋有问题。"有些时候，最聪明的人往往都是那些不爱较真，在装傻中观察事态发展的人。男人在三十岁之前可以多一点自我展示的表现欲望，体味一下年少轻狂的侠肝义胆，但是到了三十岁的这个分水岭，就要开始学会慢慢地将自己的智慧隐藏起立，有如一壶沁人心脾的茶，第一遍虽然浓烈却未必好喝，而到了二三遍的时候就开始渐渐的品位出了其中不一样的味道和特质，在时间的推移中，男人会变得越来越内敛沉稳，看似不再较真，不再自作聪明，但却恰恰是真的活出了自己人生真理。真正的睿智往往深藏于一个人的内心，只要不是真的愚蠢，就让我们将智慧悄然地浸泡在那越品越有风韵的三十特质中吧……

取舍之道

三十岁是男人从嚣张走向内敛，从幼稚走向成熟，从浮躁走向稳重的必经之路。面对生活的苦辣酸甜，曾经的你可以自由宣泄，别人会因为你尚未成熟而在心中默默地原谅你，理解你。但是到了三十岁，如果还没有在待人接物中悟出道理，依

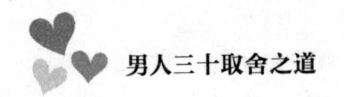

旧沿袭着较真到底的"优良作风"别人就要对你"另眼相看了"。有些时候试着大智若愚一下，营造一个极易相处的融洽氛围，被人束缚，你也会因此而受益匪浅。总而言之，只要大方向的选择没出现错误，就放过别人，原谅自己吧……

第二章
CHAPTER 2

取进舍退——
做好职场人生的每一个选择

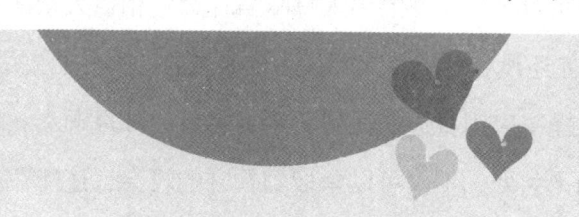

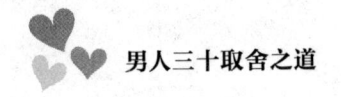

善用人情关系，谋取上司信任

　　人际关系对于三十岁的男人意味着什么？相信大家都知道。如果到了三十岁，你还没有意识到人际关系的重要性，那你的生活可就悲剧了。身在职场，懂得应用身边的人情关系，你就会顺风顺水。你谋得与大家的信任与和平共处，不仅可以争取到晋升的机会，还能在紧要关头动用人情关系让制约我们发展的瓶颈打破。到了三十岁，首先就得学好怎样处理好身边的人情关系，应对老板苛刻的要求，争取老板的信任。一旦你有了上司的信任，你在今后的职业道路上会走得更加顺风顺水。

　　社会是由众多的人组成的，身处在社会就要有人际关系，人际关系像蜘蛛网一样错综复杂。如果你远离人际关系之外，那么你很可能就已落入危险的境地。职场中同样存在着一张张像这样的网，如果你毫无准备就走入这张"蜘蛛网"，你很可能迷失方向甚或受到伤害，因此认识如此的"蜘蛛网"，对三十岁男人很好地走好脚下的路有着至关重要的作用。

　　职场中，我们怎样铺好人际关系网呢？怎样处理好与新上司之间的

第二章 取进舍退——做好职场人生的每一个选择

关系呢？这里面也是有窍门的。当你进入一家公司，你的业务还不熟悉，也许你什么都不懂，老板会安排一些老同事给你一些指导与培训。那么这就是你入门的第一位师傅了，也是打好人际关系基础的第一人。首先，你的态度要低调，作风要含蓄，处处发挥谦虚礼让的风格，这会让老同事留下好的印象，认为你是一个听话的新同事。他们也会从心底接纳你，而那些一进公司就显得很高调，咋咋呼呼的新人只会给老同事一种幼稚、不将他们放眼里的感觉，这对以后的发展是非常不利的。因此，低调做人是你进公司上的第一课。

其次，新人应该积极主动地跟身边的人沟通，切不可被动地等着别的同事来找你聊天，这样做只能让你给别人留下一种你不善言谈、性格孤僻的感觉。同时，沟通时必须把握好尺度，过于亲热容易让你陷入同事之间的纠纷，而太过疏远又使你被所有人孤立，只有态度谦卑，心态积极，才能让你在新单位的人际圈中的地位迅速上升。在以后，你就可以考虑怎样取得上司的信任而循序渐进地展开计划了。你的直属领导就是你的上司，你的薪金以至于你的发展以及你的年终奖……几乎你在公司的一切都得由他来分配。假如能得到上司的信任，那再加上你的勤奋努力，你在公司的发展一定是非常乐观的。

一家房地产公司新录用两名的新职员，他们是小贾和小王，他们俩几乎是在同一天进入这个行业的，但是由于刚入行不久，他们对房地产的行情和工作技巧还是很生疏的，但是他们有一个共同的老师傅。这位老师傅其实是这家公司的资深老员工，在他的指引下两人慢慢地也有了进步，不同的是两人的风格也慢慢地突现出了不同，小贾行事低调内敛，

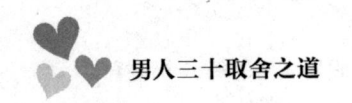

小王却是活泼之外还有一些显摆。

短短一两个月之后，小王几乎已不把当初指引他的老员工看在眼里了，做事开始独立而跋扈，以为自己很有能力。直到有一天，两个人一起带客户去看房子，中间出了不小的差错，两个人都是非常焦急。

在老员工的帮助下，小贾把事情非常圆通地解决掉了，而小王缺乏经验又无老人相助，最后不但向客户赔偿道歉，还被迫离开了公司。这就是不重视人际关系的下场，独立无助导致失败。谋取老同事的信任跟谋取上司信任一个道理，低调做人，处理好日常的人家关系，让你再困难时有人帮你，工作的开展也会非常得力。

刚进入职场或者跳槽的三十岁男人更得注意与人相处，学会跟老同事处理好关系，也许在紧要关头他们会给你"一只手"援助，让你顺利脱险。当然，最重要的还是学会怎样处理好你与上司之间的关系，因为与上司的和睦相处，谋求他的信任与重用，不仅对你目前的工作有很大的帮助，而且对你以后的发展也有巨大的影响。下面介绍怎样营造与上司之间最佳关系的黄金九则：

1. 上司在讲话时，你要认真倾听，排除所有使你紧张的意念，专心聆听。眼睛注视着他，不要低着头，必要时做一点记录。在上司讲完以后，你可以稍思片刻，也可以问一两个问题，真正弄懂他的意图。然后概括一下上司的谈话内容，表示你已明白了他的意见。要记住，上司不喜欢那种思维迟钝、需要反复叮咛的下属。

2. 应用简单明快、直截了当的语言清晰地向上司报告。时刻准备记录是个好办法。能让上司在较短的时间内，明白你报告的全部内容。假如必须提交一份详细报告，那最好就在文章前面加一个梗概或内容提要。

3. 与上司共事也要讲一点战术，切不可直接否定上司提出的建议。上司可能从某种角度看问题，看到某处可取之处，也可能没征求你的意见。假如你觉得不适合，最好用提问的方式，表示你的异议。如果你的观点基于某些他不知道的数据或情况，效果将会更佳。不要害怕向上司提供坏消息，但是要注意时间、地点、场合、办法。

4. 出色地做好自己分内的工作，没有比不能解决自己职责分内问题的职员更使上司浪费时间了。

5. 时刻注意维护上司的好形象，你应常向他透露新的信息，使他掌握自己工作领域的动态和现状。而且，这一切应在开会之前向他汇报，让他在会上谈出来，而不是由你在开会时自己去炫耀。

6. 勤奋努力地工作，成熟的下属很少使用"困难"、"危机"、"挫折"等术语，他把困难的境况成为"挑战"，并制定出计划以切实的行动迎接挑战。与上司一起谈及你的同事时，要着眼于他们的长处，不是短处。不然将会影响你在人际关系方面的声誉。

7. 实现你的诺言，如果你承诺的一项工作没兑现，他就会怀疑你是否能守信用。如果工作中你确实难以胜任时，要尽快向他说明。虽然他会有暂时的不快，但是要比到最后失望时产生的不满好得多。

8. 了解自己的上司，一个精明能干的上司欣赏的是能深刻的了解他，并知道他的愿望和情绪的下属。

9. 把握好适度的关系，你与上司在单位中的地位是不同的，这一点要心里有数。不要使关系过度紧密，以致卷入他的私人生活之中。与上司保持良好的关系，是与你富有创造性、富有成效的工作相一致的，你

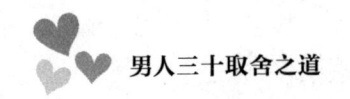

能尽职尽责，上司就会对你满意。当然与上司相处的技巧还有很多，这只是处理人际关系的一部分。但是你要明白你的最终目的是什么，是争取自己被重用和上升的机会。职员与上司之间永远是领导与被领导的关系，你不可能跟上司成为铁哥们。职场如战场，懂得左右逢源才会在今后的工作中如鱼得水。既要营造与老同事们之间的融洽氛围，又要处理好与上司之间的关系，巧妙运用，相信你在任何一个工作环境中都会很快得到重用和上升的机会，对自己的职业生涯非常有用。

> **取舍之道**
>
> 　　三十岁的男人进入职场，应该懂得巧妙处理好身边的人脉关系，拓展好于上司的接触交流，取得 Boss 的青睐和信任，这样才可以在以后的工作中发挥得更好、走得更顺；而搞独立奋战的职员往往会举步维艰，永久停留在自己一小块天地里，长久得不到发展。

老板再好，也不可能成为你的哥们

　　不要以为你和老板年纪相仿，你就可以跟老板做哥们。不管你是老

第二章 取进舍退——做好职场人生的每一个选择

员工还是新员工，最重要的就是处理好与上司之间的关系，有人是老板身边的"和珅"，也有人是老板身边的"刘罗锅"或者"纪晓岚"，但是不管你是讨好还是清高，都得尊重领导，和领导保持一定的距离。有些人就是太把上司哥们化了，觉得老板也是人，混在一起的时间长了就可以无所谓尊卑。但是，这样的员工往往没有太好的发展前途。

身在职场，三十岁的男人最先要考虑的关系就是自己与老板之间的关系。老板有权雇佣你，也有权利开除你，你要抱着积极的思路处理这种关系，比如没有必要来改变他的方式来适应自己的态度与价值观。换言之，你要努力地工作来适应老板，否则就要打包被开除。

老板与雇员关系学中的明智先哲彼得·德鲁克在他的书中指出，高估你的上司是一种有益而无一弊的。也就是说，要对你的上司做出较高的评价。因为人的潜意识中会自然流露出只同你尊重的人达成共识，并对他显示你的忠诚。但另一方面，你低估了老板的能力，这样就是一种冒犯。老板一般对此是很敏感的，必然会导致你不能再与他共同工作的结果。

假如你的老板很器重你，也常常带你出席各种社交场合，即使这样，你也要准确给自己定位，不可得寸尺。适度的距离对你是有好处的，也许你发现你可能正在成为老板的朋友甚至是哥们，但你应该把握好尺度。任何一位领导干部在对待下级问题上，都希望和下级保持良好的关系，希望下级对他尊重、服从、喜欢。所以，当他愿意和部下建立朋友关系、同事关系的同时，在愿意建立情感沟通的同时，总是不希望用这些超越或取代上下级关系。也就是说，他必须保持自己一定的尊严和威信。

和领导保持一定距离，注意时间、场合、地点。有时在私底下可谈的多一点，但在公开场合，在工作关系中，就应该有所避讳，有所收敛。

老板再民主也需要一定的威严。当众与老板称兄道弟只能降低老板的威信。于是其他的同事也开始对老板的命令不当一回事。当老板发现他的工作越来越难做，而最终他发现是你破坏了他必要的威严，那么，等待你的最低限度也是疏远，或者你只能离开。

跟老板打交道要懂得取舍，你更不要试图更多地参与老板的私生活。隐私对于一个人来说是必要和重要的。也许老板在某些时候，对你没有什么戒备，所以容你经常参加他的私生活。当然，你如果能够同老板交上朋友，这说明你已经能接近你的老板了。不过，这种朋友关系的最佳状态，是业务上的朋友和工作上的挚友。如果你能推动你老板在公司中的地位，你就是他最好的朋友。

三十岁的男人得记住，老板启用你绝不是为了广交朋友，而是让你为他服务，争创效益。

小李是一家贸易公司的跟单员，时常要随从客户经理跑市场，约见客户。因为要客户签单总要有所表示，饭局是少不了的。小李的酒量不错，就成了客户经理身边的一宝，只要有客户来喝酒的，就让小李上，他一个人能灌趴下三个。随着签单越来越多，经理对他也是越来越器重。时不时就在同事面前搂着他肩膀说小李是我的铁哥们。小李也是信以为真，以后在公司混的时候总是觉得自己高人一等。把很多同事都不放在眼里。日子久了，经理也觉察出了小李的风头太盛，这样对公司氛围不好。但由于小李的酒量过人，他还是强忍着没对小李的放肆行为加以管制。

然而就在一笔大单到来的时候，小李终于因为饮酒过度造成胃出血住院了，经理只有换人去陪客户了。等小李病愈出院的时候，医生告诫

第二章 取进舍退——做好职场人生的每一个选择

他再喝酒会复发的，一年之内最好不要饮酒。当小李回到公司把这个消息告诉经理的时候，明显能感觉出经理的脸色很差。周围的同事开始背后纷纷议论，这下小李完蛋了，再也喝不了逞能了。小李觉得不是回事儿，心想经理是把他兄弟看来着，依旧趾高气扬。

后来，小李终于因得罪了经理而被毫不留情面的踢出公司了，成了一个可怜的失业者。

故事中小李的失败，就是因为没有把握好与上司的关系而导致的，三十岁的男人时刻要认识清楚自己的位置和状态，自己和老板关系好究竟是因为什么，摆正自己的位置，切不可造次。

当然，故事里老板的做法是不人道的，但小李也确实太过嚣张，不明智。在现代这样的一个物欲横流的社会中，很明显每一个公司都是为了获取利益才存在。你的老板不可能做亏本的买卖，更不可能把你当亲兄弟一般看待。可以这么说，对于一个老板或经理人来说，在利益来临的时候他很有可能连亲兄弟都不认账，更何况一个萍水相逢处在一起的属下呢？和老板确实该增进一定的亲密关系，但是不懂得保持距离，一味进取只会让自己失去更多。

与老板保持距离并不是就说领导不可接近，只是让你明白在职场"没有永远的朋友，只有永远的利益"。如果你能给老板带来丰厚的利益，那么他就可以把你当哥们看待。你要做到心知肚明，不明示，知道老板只是在利用你而已。当然，反过来你也可以利用老板对你的这种亲密度争取更好的上升机会。但是切不可还没升职就表现出一副长官姿态。那样的结果往往输得很惨。

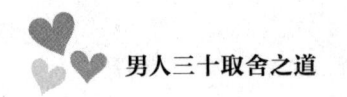

所以，请记住商场与战场的区别就是战场有兄弟，商场却只有永远的利益。你要是把领导当兄弟，你就输了。懂得把握这样一个进退自如的尺度，你才会在职场中大放异彩！

> **取舍之道**
>
> 老板总是逐利的，我们的位置只是为其创造效益。职场如战场，但战场有生死与共的兄弟，商场却往往存在着卖友求荣，损人利己的商人。你的老板是一位力求盈利的商人，你充其量只是他的一个得力帮手，而不是兄弟。可以和平共处，但不要抢其风头，踏实工作，相信有一定的积累后你会更懂得做什么样的老板。

龙门有风险，跳槽需谨慎

男人到了三十岁，职业都有了一定的稳定性，要想再跳槽，对自己来说这无疑是一种挑战。因为目前的工作已经积累了一定经验和人脉，一切都相对稳定，而新工作又充满了挑战和未知，有可能获得高薪，但也有可能瞬间一无所有。这就需要三十岁的你在跳槽时做出一个慎重而

第二章 取进舍退——做好职场人生的每一个选择

恰当的选择。

不知道多什么时候起,职场中都流行着这样一句"四字箴言"——"金九银十"。这意味着,每年都有一大批的职场人选择在九、十月份跳槽,趁势寻找新东家高就。但是有些人成功地跳槽并成为另一家公司的高干,但是有些却越跳越糟。所以,作为三十岁的男人,跳槽也是需要谨慎的。

郝飞五年前大学毕业,读人力资源管理的他毕业后进入一家私营公司的人事部。公司五六十人的规模,人事部一共三个人,一个主管,还有一个是老板的亲戚,第三个就是郝飞。老板的亲戚经常不见人影,而主管总要有些主管的架子,郝飞成为那个在前面"冲锋陷阵"的人。刚开始工作,郝飞就成了忙人。

时间飞快,郝飞在公司做到第三年的时候,他已经对没完没了的招工、退工、社保等工作充满厌烦,看看同学,在一家公司做满三年的少之由少,而且原来所学的知识很少有用武之地,郝飞开始策划他生平的第一次跳槽。两个月后,一家知名的大公司招聘人力资源助理,三轮面试郝飞全部顺利通过。就在拿到新OFFER准备辞职的时候,目前公司的人事部主管突然离职,郝飞被确认接任主管职位。这样,郝飞面临升职与进入名企的选择。考虑再三,郝飞还是义无反顾递出了辞呈。

他原本以为进入大公司会有更好的发展,但是没想到新公司分配给郝飞做企业文化的工作,大大出乎郝飞的意料。这是个吃力不讨好的工作,一方面要经常面对主管与公司领导的挑剔,另一方面还经常被公司其他员工开玩笑,说是为公司自我吹嘘。既枯燥,又无聊,而且郝飞左

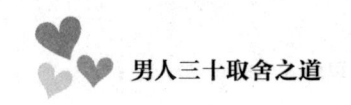

看右看，也看不到在这个岗位上自己的前途在哪里。郝飞开始怀念那个被自己轻易放弃的主管职位，并且明白大公司的饭原来并不那么好吃。于是，又一年的"金九"，郝飞完成了第二次跳槽。

深刻总结前几次跳槽失败的教训后，郝飞觉得还是应该选择真正和专业相关的工作。可能是出于对被放弃的主管职位的不甘心，郝飞选择了一家比第一个公司规模还小一些的贸易公司做人力资源部主管。他觉得这样可以把自己中断的职业生涯重新衔接起来。

但是，跳槽没多久，郝飞又发现了新问题。大公司里人员配置细致，分工明确，而现在这家公司什么都要亲力亲为，很多和人力资源完全不相关的事也要做。郝飞开始了新一轮的后悔，拖拖拉拉过了一年，又逢"金九"，郝飞又想跳，但是又着实怕了跳。所以，三十岁的他开始迷茫了。

作为刚毕业的新人，郝飞获得的第一个工作机会不错，遗憾的是两次不成功的跳槽令他陷于被动。跳槽本身并没有错，恰到好处的跳槽犹如平步青云，是提升职业价值的重要途径。然而，像郝飞这样的跳槽则不可取。故事里的郝飞因跳槽失去了宝贵的时间成本，也让自己的理想渐行渐远。

郝飞的两次跳槽存在下列三个问题：

1. 对工作本身缺乏认识

像许多刚走出校门的学生一样，郝飞在开始第一份工作前对工作的期望值过高，幻想工作环境好、工作轻松、薪水高。事实上，刚参加工作就可以接触工作方方面面，这样的机会本身已经很难得，况且，一个新人当然要从基层做起，而郝飞显然没有足够的认识。第二份工作也是这样，郝飞跳槽之前竟没有详细了解岗位及职责。一心想进大公司的他在心理上并没有做好在大公司中充当螺丝钉的准备；而对第三份工作的选择更加盲目，更多的是对第一次跳槽失败的患得患失，完全没有认识到在大公司与小公司工作的巨大反差。

2. 为了跳槽而跳槽

这也是很多职场中人经常犯的错误。看到身边的同学、朋友、同事纷纷跳槽自己心里就不安定了，很多人把跳槽认为是一条必经之路，也有人认为跳槽是解决问题的万能钥匙，于是工作做得一不顺心，立刻产生跳槽的念头。郝飞的两次跳槽都有很大的这样的成分在里面，每次在工作中遇到困难，没有分析，也没有想解决方案，只是用跳槽作为逃避，以为这样便一了百了。

3. 缺少定位和规划

郝飞是职场众生相的一个缩影，对于求职只是随性所至，没有做职业规划。缺少职业规划的人一方面往往不了解个人的职业兴趣，所以很容易对现有职业产生厌烦心理，在这样的心理状态下只想草草换一份工作，解决目前的困扰；另一方面，缺少职业规划的人并不了解自己的职业发展目标，所以很容易被招聘单位的规模、名气或者职位及待遇所吸引而跳槽，实际上并没有清晰的目的。

跳槽无罪，但是失败的跳槽却可能影响人一生的职业发展。在跳槽前，有一些关键点必须考虑清楚，"4W"是大家必须思考的四个关键点。

1. WHO

首先要明确"我是谁"，即认真审视一下自己的职业竞争力，为自己做职业定位。你需要考虑什么职业最适合自己，而自己实际可以从事

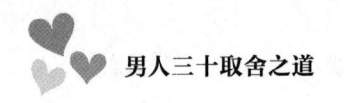

哪些工作，当然这要建立在你对自己的兴趣、爱好、特长等充分了解的基础上。如果你无法认清自己，可以求助于专业的职业规划咨询机构。

专业的职业规划咨询机构会有一系列的测试帮助咨询者认清自己的职业性格和职业兴趣，这些能更好地帮助你进行职业定位。确定你未来的职业发展方向，从而才能制订相应的职业发展计划，以避免走不必要的弯路。有了明确的职业定位，自然可以减少盲目跳槽以及一些无谓跳槽的概率。

2. WHAT

知道自己要从跳槽中获得的是什么。为了跳槽而跳槽是最愚蠢的事情，如果你下定决心要跳槽，必须以清晰的目的为前提。是更高的薪水？更高的职位？还是更大的公司？这些是比较具体的目标，但是落脚点都是为了更好的发展。然而如何跳才能有更好的发展呢？

第一项的"WHO"谈到了职业定位，职业定位是首先要确立的，然后根据定位对自己的职业生涯做一个整体的规划，确定你在职业生涯中的短期目标和长期目标分别是什么。只有选择了一条最符合你的职业发展轨迹，最接近你职业目标的道路，跳槽才有意义。

3. WHY

再次问问自己为什么要跳槽。真的非跳不可吗？仔细考虑现在的公司是不是真的已经阻碍了你的发展，或者你已经无法勉强自己再做下去。目前，整个就业市场形势比较严峻，跳槽更加应该审慎而为之，一旦新东家并不像你想象的那般好，工作的情形还不如原来，那才真是骑虎难下。所以多了解目标公司的发展状况和目标行业的前景如何是有益无害的。

另外，有一点是每一位准"跳蚤"都应该谨记的，那就是即使你下

第二章　取进舍退——做好职场人生的每一个选择

定决心要跳，也要踏踏实实先做好目前的工作，这是你找到更好的工作的基础，是自我积累的必由之路。

4. WHEN

最后要做的是选择跳槽的时机，这是被很多人忽视的一点。大多数人有了跳槽念头找到新东家，甩手便跳，当然这样不是不可以，但并不一定是最好的时候。选择成熟的时机跳槽，可以令跳槽事半功倍。

如果可以选择在原来的公司做好一个比较重要的项目或者取得其他比较大的成绩之后跳槽，则所取得的成果可以为你在新公司老板那里增加印象分。另外，将手头上的工作做完，一是对前任公司的尊重，二来也体现了一位职场业人士的职业道德和职业素质。

总之，跳槽无罪，定位在先。又快到一个"金九银十"，希望每个有追求的职业人都能勇敢思考，大胆决策，给自己的职业人生开辟全新的天地。

取舍之道

　　三十岁，是一个男人的生理分水邻，也是一个男人的事业分水邻。是跳槽还是留守，男人要做好权衡，毕竟不再是冲动的年龄了。跳槽，也许自己的人生更新鲜和精彩，也许还能激起自己尚未完全消磨的奋发斗志。跳了槽，还要考虑中间或长或短的职业空白期成本和寻找新东家的搜索成本外等因素，让你规划好脚下每一步。跳槽无罪，但跳槽之时一定要慎之又慎，否则越跳越糟，得不偿失，就给自己的人生开了一个莫大的玩笑。

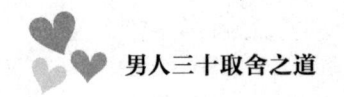

辞职，也是一门学问

正如上一小节所提到的，跳槽需谨慎，离开原有公司之前的辞职也要做到恰如其分。如果三十岁的你还像愣头小子一样甩脸就走，那就太不成熟了。辞职也是一门学问，如果在临走之际还能给原有领导和同事留下一个好印象，那么他们也会真心祝福在将来的职业生涯里获得更好的发展。

"人在职场混，哪有不辞职"，改革开放带来的一大变化就是：多数人不会一辈子只从事一份工作，那么辞职就成为多数职场人士都要面对的一个问题。其实，辞职也是一门学问，如果辞职者不了解辞职的程序，不能掌握一些辞职的技巧，很有可能给自己造成一些不必要的麻烦或损失。

俗话说"人走茶凉"，当你告知你的主管、上司或老板你决定辞职的时候起，得到的肯定不是笑脸（即使对方正计划炒你），因此，如何顺利的辞职，充分维护个人的合法利益就成为辞职者要认真考虑的。

辞职的原因分为两种，一种是给自己的，自己为什么要辞职；一种是给企业负责人的，告诉企业你为什么要辞职。辞职也是一种行为，但是两种辞职的理由是不一样的。辞职并不是一件小事情，辞职者在做出辞职之前一定要慎重考虑，千万不要意气用事，在考虑如何向企业提出辞职之前，先要将自己辞职的真实缘由列出来，看看事情是不是到了非要辞职不可的地步，如果理由是充分的，辞职会给自己带来更多的发展机会，那么辞职才是应当的。

第二章 取进舍退——做好职场人生的每一个选择

为什么要辞职？可能不同的人会有不同的原因，大致归纳了一下，导致辞职的原因包括以下几方面：

一、有一份更适合自己的工作等着你，就是所谓的"跳槽"。更适合自己的标准有两方面，一方面是工作有相当幅度的提高，一方面是个人的能力可以得到充分发挥。如果单纯是前者的原因，一定要考虑清楚，比如我有一个朋友，他在一家大型的贸易公司工作，一家规模较小的公司已更高的底薪及更高的提成标准邀请他加盟，但是过去之后他才发现自己的收入不但没有增加，反而是降低了，因为新公司的影响力及事例导致他业绩下降，自然无法获得更高的收入，他悔之不及。

二、准备个人创业。这个原因是最无可厚非的。当然，如果关于创业的计划还没有准备好的时候，不妨不要急于辞职，一边工作，一边筹备自己的创业事宜也是一个不错的方式。

三、以退为进，以辞职为由想要企业提高自己的职务或者加薪。个人认为，因为这种原因而提出辞职，无论以什么理由提出辞职都无疑是玩火自焚，不是所有的企业都会执意挽留一个提出辞职的人员的，即使一是满足你的要求，对你在企业的发展并无好处，刘勇你可能只是权宜之计，在物色到可以替代你的人选之后，你可能要面对的就不仅仅是辞职那么容易了。

四、对于企业的现状不满意，希望换个环境。人在职场，总会有种心态"自家院里的草不如人家院里的绿"，其实在新的工作没有得到基本确定的时候，不要急于辞职，许多人都是在匆匆辞职之后才发现原来的企业甚至要更好一些，这可就是得不偿失了。

五、因为需要学习、进行而辞职。许多人欣慰要考研、继续教育、

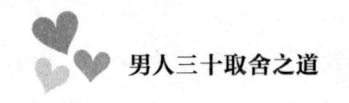

出国而需要辞职，这样的原因无论是企业还是个人，都是可以接受的。

六、因为工作位置的原因而辞职，比如离家太远，与爱人相隔两地。这也是造成辞职的一个较常见的原因。其实，如果你现在的工作实在不想放弃，也可以考虑一下有没有其他解决办法，毕竟好的工作机会不是哪里都有的。

七、因为个人的爱好或者特长得不到发挥而辞职。因为这原因而想要辞职，首先应该明白，在今天这个社会上许多人的工作都是与个人的爱好和热场无关的，其次你辞职后是不是立刻就有以份额可以适合你的爱好，可以发挥你的特长的工作？考虑好之后灾区决定是不是要辞职。

八、因为一些小事件让自己不满意就辞职的，比如与主管吵架、与同事发生矛盾等。这样的原因是不应该成为辞职的原因的，比如在天涯里一个女孩因为同事占了自己预先选好的新办公桌位而想要辞职，因为这样的原因而辞职实在是一种幼稚的行为。

九、企业流露出对你不满意的迹象，希望你主动提出辞职。处于这种情况下的人无疑是十分悲惨的，在这种情况下选择辞职无疑是一种维护个人尊严的行为，不过要在将自己的下一步安排好之后才能考虑辞职，不宜选取匆匆辞职。

十、个人因为在企业犯了错误，觉得无颜面待下去而辞职。有的人因为犯了错误，想赶紧走人了事，虽然这种办法能暂时摆脱困境，但对自己以后求职会有不好的影响，最好的办法就是坚持一段时间，等别人渐渐忘记自己的错误后再辞职。

所以，辞职之前，要认真考虑辞职的后果，比如对于自己的发展是不是有损自己的经济利益会不会受损，在辞职之前，请先问自己这样几

第二章 取进舍退——做好职场人生的每一个选择

个问题：

1. 辞职是唯一的解决办法吗？有没有比辞职更好的办法？
2. 辞职是主动的，还是被动的？
3. 辞职是不是只是因为收了别人的影响？
4. 辞职是不是只是一时心血来潮？
5. 辞职之后你的现状是不是会得到改善？
6. 有没有考虑辞职的成本？回答完这几个问题，在综合分析各方面因素并权衡利弊后，你仍然做出辞职的决定，那么就要进入实质性的操作阶段了。具体的操作可以概括为"低调行事，高调离别"。在离职之前提前跟上司打招呼，并且准备好办理离职手续等相关事宜。走的那一天别忘了跟同事们道别。大家走到一起是缘分，离开了也有可能再见面。如此，才算完美。

取舍之道

不要小看了辞职，这也是一门学问，做好辞职需要思前顾后，对得起自己，对得起工作和同事，在走的时候能够是脸上挂着笑容的，一旦你做到这些，那你就是最潇洒的三十岁职场男士。

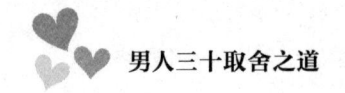

终极选择——自主创业

如果你在职场已混的时间足够长,而且已经足够了解生意场上的各种规则,那么你也可以成为一个"操盘手",运营自己的公司。然而即使你熟知各种市场规律和做生意技巧,但瞬息万变的商机却是难以捉摸的,所以自主创业的你还得学习很多东西,打下足够坚实的基础方能笑傲商场,做一份出色的事业!

所谓自主创业,是指劳动者主要依靠自己的资本、资源、信息、技术、经验以及其他因素自己创办实业,解决就业问题。然而如何做出自己的终极选择却是需要一个漫长的学习和积累过程。首先你要明白以下几点:

一、要有打持久战的心理准备,最好结合自身的专业和擅长,整合自身资源,找准项目,大胆尝试,刚开始时要有生活质量和水准暂时下降的心理承受能力;

二、不要被别人意见所左右,切忌人云亦云,左右摇摆,认认真真走自己的路,对外界的风言风语不去理会,别人说三道四自然不用认真,尤其是那些只说不干的人更不要当回事。商场如战场,经营中战略战术要保密,不否认有些人会通过故意刺激你的方式"逼"你说出相关秘密,这点要十分谨慎;

三、刚开始时,不要四处张扬指望合作,一切等站稳脚跟后再说;

四、前辈或他人的成功的东西可适当借鉴。但不能盲目照搬照抄。别人成功是有其自身天时地利人和特定条件的,不一定适合你,要想办法审时度势,找出最适合自己的一条路来。他人的经历是没办法重复的;

五、要有激情和想象力。前者能鼓励自己时刻保持一种干劲和活力，后者能帮助自己克服在资金、管理、营销等方面遭遇不足和困难时的无奈并保持希望和梦想。

六、创业者一定要有吃大苦耐大劳的准备，并要有失败后决不退缩东山再起不达目的誓不罢休的斗志。类似于清朝曾国藩与太平军交战时"屡战屡败，屡败屡战"的精神，想当年，史玉柱和巨人集团轰然倒塌，不得不隐姓埋名，何等落魄和凄凉，可是几年之后，"脑白金"风靡大江南北，让隐藏在背后的史玉柱再次成为关注的焦时，人们不得不惊叹创业者的坚韧和执着；

七、要学会看待你的同伴的优点和不足。面对团队成员的彷徨和犹豫，除了以宽广的胸怀对待外，还要积极储备人才，这在开始时尤其重要。在这个社会上，没有人会随随便便成功，创业如同冲锋陷阵的打仗，有人临阵逃脱，有人一去不返，此时此刻不要叹气，更不要泄气，因着手立即招兵买马，不到最后关头不轻言退却和放弃，只有经过这样的磨炼，经风雨见世面，你才能洗去幼稚和单纯，不断走向成熟和老练，处理问题起来会越发得心应手，应付自如，直至取得最后的胜利；

八、要注意团队同伴，一个团队里要有统一的价值核心理念，注重发挥每个人的特长和作用，记住一个人是不能创业的，就像联想的柳传志、百度的李彦宏，表面看似个人努力的成功，其实是一个团队在发挥作用；

九、要不断地学习。这年头，社会发展变化太快，新东西，新名词不断出现，财经资讯、国家政策、互联网络，创业者要与时俱进，不断学习新东西，接受新观念新事物；

十、良好的生活习惯和健康的身体是开拓事业的前提和有力保证，即使工作再忙，再没规律，也不能忽视。

　　只有经历这样的一个漫长的学习过程才能慎重地做出创业选择，之后就是进入实质性的操作过程了。要有正确的方向和方法，要有良好的规划和人生设计；要充分利用现有的资源，配合好发挥自己的特长。目前连锁加盟已成为成功创业的主流方式，可以加盟一些知名度较高的品牌。最重要的是信誉度高，加盟一个没名气的牌子做起来也没意思。

　　三十岁的李世荣开始自主创业，他不在乎别人说什么，喜欢做自己喜欢做的事情；他，每天下午4时至晚上9时在老酒泉路夜市，和妻子一起售卖香辣土豆块。

　　经营中，他热情对待每一位顾客。"师傅，这是您要的土豆块，3块钱……"眼前这位身穿黑色上衣、头戴灰色帽子的男士就是李世荣。他非常麻利地将调好味的土豆块递给了一位顾客，又忙着招呼刚刚过来的4个女中学生。他麻利地将早先切好的土豆块倒入油锅中，然后非常熟练地搅动笊篱，不到2分钟，土豆块就炸好了，随后，土豆块在他熟练地操作下被撒上调料，再用塑料袋分装递给眼前的顾客们。

　　"李师傅炸的土豆块味道真好，明晚我们还来买。"4个女中学生临走时还笑着跟李世荣打招呼。人们发现，老板跟所有来买东西的顾客好像都很熟络，总是笑脸相迎笑语相送。没有顾客的闲暇时间，李世荣就和妻子说笑起来，笑声，不仅缓解了夫妻俩的劳累，更是这条街上最与众不同的风景。

　　酒泉路夜市长度不过几百米，这段小巷子里从南到北总共有20多家小吃摊，每天晚上6时许，随着食客们陆续到来，这里就开始热闹起来，每个摊子前炒勺舞动、香味扑鼻。热闹的景象一直要持续到第二天凌晨3时左右。这些小吃摊点的主人，年龄都在30岁左右，大都是进城的务工人员，学历比较低。

2005年大学毕业后，李世荣先后到几家公司打工，因为自己所学的电脑动漫设计专业得不到发挥，他决定放弃打工，干自己喜欢干的事情。2011年10月份，他决定摆摊卖"香辣土豆块"。因为丈夫的自立意识比较强，一直都很有自己的主见，妻子不仅同意他的自主创业意见，于是他们就风风火火地干了起来。

李世荣说："每天下午4时他们出门，晚上9时收摊，5个多小时可以挣100多元。我不觉得摆小吃摊有什么不好，我的许多同学都来我的摊上吃土豆块，我不在乎别人怎么看我，关键是我喜欢干自己喜欢干的事情"。

李世荣的"香辣土豆块"摊点，与其他摊点相比显得规模很小，而且没有供顾客们现场消费的简易桌椅，更没有挡风的塑料彩条布。跟其他摊点比起来显得一点也不起眼，不过李世荣的摊点，却是这短短的夜市上"最特殊"的一家。男人自主创业要选熟悉的行业，还要付出自己的激情和热情，不要怕丢面子。尽管李世荣开着炸豆腐的小摊，但他很自信，一点也不觉得自己卑微，正是由于他的激情，他的小吃摊才会受大众喜欢。

各行业的要求都不一致，以饮食业为例有亲和力、热情、勇于招呼顾客的加盟主成功机会大；过分害羞、主观意识过强的加盟主经营饮食业反而容易失败。之外还得考虑国家政策和税收等因素，只有把这些因素都考虑在内了你才能一掷千金创下基业。

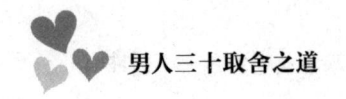

创业有风险，但是有句老话叫风险多大收获就多大。很多人也形容那些下海创业的人是亡命之徒，可是这些人最终发达了，需要的是勇气和胆识。年近三十的你如果已有雄厚的资金基础和人生经验那为何不走一走自主创业的道路呢？人生苦短，这也是对人生的一种挑战。相信那些矗立在商场巅峰的人都是经历过各种磨炼的"钢人"。

如果你选择了创业，那么请坚定自己的选择，不管受到什么风险都得创造出罅缝中的生机。一旦你踏进商场，那就是一个激烈竞争的战场，没有怜悯，只有靠实力说话，适者生存。在你有雄厚的准备后，相信你不鸣则已一鸣惊人。

取舍之道

三十岁的你选择创业的时候，必须得考虑各方面的综合因素，不要像一个没头脑的赌徒一掷千金。财富向来是留给那些睿智的人，懂得怎样白手起家，也更懂得以金易金，通过这一进一出却收获双倍甚至多倍的回报。这一切靠的都是实力而不是空谈。创业是条艰辛的道路，但也是一个条富有挑战和冒险的乐途。

第三章
CHAPTER 3

取智舍愚——
用智慧打开财富的大门

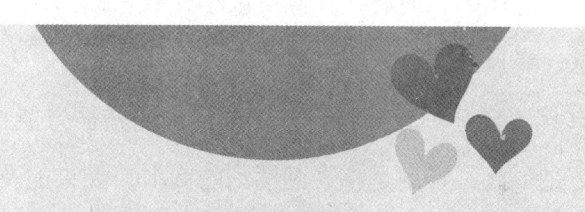

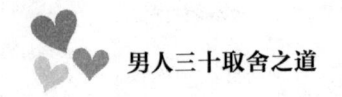

善于捕捉信息，才能不断丰富自己

处在当今这样一个迅速发展、瞬息万变的现代生活中，信息随处可得，有些对你有用的，而有些就像垃圾小广告一样惹人厌烦。你应该懂得善用信息，靠自己的智慧作出取舍。

古代有兵法家孙子教导将兵打仗要"知己知彼方能百战不殆"，在当今社会更是如此，特别是在人潮涌动的商海，如果能及时捕捉对自己有利的信息，那就可能会成为最后的大赢家。但是面对海量信息的时候怎样才能捕捉到最有价值的信息呢？

掌握信息源就要大量的汇集信息，不管什么样的信息先收拢在一起，然后再分门别类进行筛选，取其精华去其糟粕，挑选对自己最有用的信息，在适当的时机拿出来"他为己用"，相信会有意想不到的结果。

愚蠢的人往往会坐失良机，即使有用的信息从他眼前飘过也无动于衷，而智慧的人善于运用手中掌握的信息解决问题，有"运筹帷幄之中决胜千里之外"的神效。三国时期的诸葛亮躬耕南庐，却掌握天下三分局势。蜀国的崛起与诸葛亮掌握的信息是有很大的关联的，正因为此

第三章　取智舍愚——用智慧打开财富的大门

诸葛亮做出的每一个决定都是十分准确的。可以说没有诸葛亮就没有蜀国，然而没有详尽的信息也没有神机妙算的诸葛亮。

小孙和李墨是一家房产中介公司的同事，并且是同一时间进入这家公司的，但短短一年的功夫两个人的处境却大大不同。小孙已经荣升为部门副经理，而李墨只不过还是一位资深老员工，除了资历什么都没改进。李墨实在按捺不住，提着礼品到小孙家登门求经。

当李墨敲开小孙家的房门的那一刹，两眼惊呆了，只见小孙家摆满了书籍，墙上也贴满了各种表格。走上前仔细观看才发现是一排排详尽的客户信息。小孙走过来笑着说："这一年来我把接触过的客户信息就记录了下来，有空的时候就打过去询问他们有什么样的需要，这样我就更把房源分配得更到位，第一时间帮客户挑到最恰当的房子。"

回到家里，李墨打开了电脑看起了怎样捕捉市场信息的文章。一段时间后，他因工作业绩表现优异，得到了公司的嘉奖。可见掌握信息对一个人的命运有多么的重要，有了详尽的客户信息小孙就创下了更多业绩，从新手一跃成为公司的明星。然而怎样才能捕捉到对自己有利的信息呢？

研究体验法认为，人的知识不可能凭空产生，从源头上都来自周围的自然和社会环境，人通过与自然的直接交互才能获得大量的信息、知识和灵感。

男人看准机会才会创造商机，着眼机会往往容易成功。成功者最关键的品质是在收集有用的信息并在最关键时刻做出重要决策，这就是要

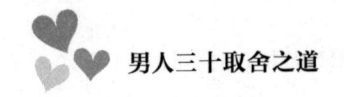

求我们以积极的态度看待问题，把视野打开，积极转换角度，着眼发展，最大限度地扩大机会。机会总是青睐有准备的人，那些擅长从全局把握机会，从长远发展机会的人是最容易取得成功的。

美国某城45千米以外的山坡上有一块不毛之地，地皮的主人见地皮搁在那里没用，就把它以极低的价格出售。新主人灵机一动，跑到当地政府部门说：我有一块地皮，我愿意无偿捐献给政府，但我是一个教育救国论者，因此这块地皮只能建一所大学。政府如获至宝，当即就同意了。

于是，他把地皮的2/3捐给了政府。不久，一所颇具规模的大学就矗立在了这块不毛之地上。聪明的地皮主人就在剩下的1/3的土地上修建了学生公寓、餐厅、商场、酒吧、影剧院等等，形成了大学门前的商业一条街。没多久，地皮的损失就从商业街的赢利中赚了回来。

缺少商机却也能创造出商机，这是三十岁男人的智慧所在。看似没有前途的荒凉之地，被商人智慧的一安排，不仅为政府解决了一大难题，还为自己创造了源源不断的财源。开动脑筋做事何等重要，我们不是没有资源，而是大多数时候不懂得如何运用。

三十岁的男人只有用心去融入、观察、聆听、感受和领悟自然，才能悟出更多的知识和智慧。比如说，人从鸟类飞翔中的信息得到启发，各种飞行器就被发明了出来；人从蚂蚁和大雁的行为方式中得到启发，更能深刻体会团队工作的要领；人从雪花的分形结构中得到智慧，提出建立分形的企业组织结构。人离自然越近，就越能获得知识。获取信息的方法还有交流法，首先规划自己获得知识的人际网络。一个人首先要根据自己所需要的知识，寻找并确定具有这些知识和经验的人，建立自己知识来源的人际网络。还有一种方法是解读法，人类大量的知识记载在各种媒介中，这些媒介是对各种自然和社会现象、事件和规律等知识的记录，是人类获得知识的重要来源。

只有敢于将总结反思得到的知识应用于时间并不断改进，你才会取得长足进步。古人也常用反思法来创造知识，人的很多知识是基于对过去所发生的、经历的、了解的事情或案例以及已有的知识，进行回顾、分析、总结、归纳和反思而得到的。孔子曾说："温故而知新"。有句俗语这样说："前事不忘，后事之师"。人是通过不断地尝试、摔倒，然后回顾、纠正，最终才学会了骑自行车。男人要敢于应用和实践自己提出的知识，举一反三，在实践中不断总结分析，改进和完善自己。

知识只有日积月累才会丰富，男人在平常就要注意捕捉有用的信息，强化自己的思维，丰富自己的大脑内涵，相信这么循序渐进日积月累的做下来，那么你本身就是一个丰富的资源库，将来不管遇到什么困难，你的大脑就像电脑一样立马能配置出最好应对策略供您选择。假如是愚昧无知，或者自欺欺人的守株待兔，相信这种人最终也只会坐失良机。在这样一个发展迅速的社会中，男人没有勤劳的学习和思考是很难进步的。

总而言之，男人没有丰富的学识就降低了拥有多彩的未来的概率。只有懂得了对身边信息的筛选和甄别，并且"他为己用"，学习别人的优点和长处来弥补自己的短处，相信在竞争日益激烈的社会中你能笑对

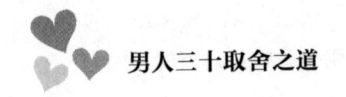

一切，并且最终获得自己想要的。

> **取舍之道**
>
> 善于捕捉信息的男人是明智的，他们能够正确地运用手中的资料，调动自己大脑的丰富知识，综观全局，用自己一颗敏感而善于捕捉信息的心容纳一切对自己有利的信息，取其精华去其糟粕，学习他人的长处弥补自己的短处，相信您一定能使30岁的你渐臻完美，并且获取自己想要的东西。

我们的口号是：取其精华，去其糟粕

在这个信息繁杂的社会，作为一个平凡的人，你不可能像一台电脑一样接纳所有的知识。

因此，你需要主动去取舍信息，得到自己想要的有利信息，丢掉无用的垃圾信息。这是一个适者生存的社会，不懂得扬长避短的男人终究会被时代的潮流所淹没，只有善于取舍，在面对海量信息时懂得取其精华去其糟粕，使自己日臻完美，才能实现更有价值的人生意义！三十岁，正处于人生的忙碌阶段。忙于生计的你几乎无暇顾及所接受的信息是否有用，海量的信息令你眼花缭乱，更是不知所措，胡乱地接受着扑面而至的ABCD一二三四……可是，当你沉思的时候是否觉得头脑昏涨，甚至不知道自己在忙些什么，碌碌而无为。然而，怎样更有效的成就自己的人生梦想呢？慢慢地你也许开始潜意识地拒绝一些垃圾信息了，更倾向于一些营养的知识的汲取。这是人体机能的自然表现。只有懂得学习一些处理知识的技巧——取其精华，去其糟粕，你才能成为一位更优秀的成功人士！

当然，在物欲横流的快节奏社会中，完全避免接受垃圾信息是一件极其困难的事情。电视上充斥的插播广告，手机里收到的垃圾信息，电线杆上贴的小广告……想不看到都难！

是的，这种现象已存在已久，颇为烦人。但是有句老话说得好，你不能改变这世界但是你可以改变你自己。换一个角度想，既然这些垃圾信息无处避免，何不选择视而不见或者只选取对自己有利的信息呢挞也是你更加成熟理智的一种表现啊！然而，怎样去筛选信息呢？

首先要切合本身需求。一位建筑工程师是不会在百忙之际寻求一张做小板凳的图纸。从实际出发，切合本身需求，在潮水般的信息涌向你面前的时候，你要留下自己要用的信息，让其他的就流失掉吧，没必要为毫无用处的无用信息流失掉而后悔；其次还得学会整理信息，不管怎样留下的信息也未必就能百分之百为你所用，你还需要给你得到这些信息整理归类，找出最佳的解决方案宋应对你遇到的问题。最后总结出最精辟的理论填入你的大脑，相信在下一次遇到同类问题时你一定会以最快的方式解决掉问题的！

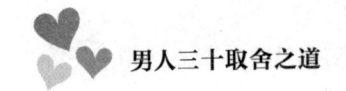

某县城图书馆馆长小时候十分贫穷，但从小热爱读书，对知识的渴求如同鱼儿对水的需要。但是贫困的家庭不足以提供他更多的书籍阅读。小小的他开始每日徒步奔波到离家十里的小县城图书馆观看，如此坚持两个春秋，小城图书馆的书也被他看完了。他看的书多而杂，上至天文地理下至民间故事，小小年纪的他甚至在小县城有了自己的文字见诸报端。他开始有一点骄傲了。

一日，一位戴眼镜的老人也来到那座图书馆，看到他正在翻看几本杂志，并走向前询问他看的什么。于是他便侃侃而谈，把各方面的知识都说了一点。老人笑呵呵地抚摸着白胡子说，那你知道这些知识哪些对你有利吗？他迷茫地摇了摇头，不明白老人为何要问他这样一个让人摸不着头绪的问题。老人说如果你爱好文学，那就放弃观看那些低俗小说吧。

十年后，这个图书馆已经焕然一新，换成一座更大的图书馆，而馆长就是当初的那个经常来看书的小孩。馆长在回忆当年的时候感慨地说："如果不是当初那位老学者的一番话如醍醐灌顶般提醒了我，也许我现在就是个文痞了！"

这位图书馆馆长正确地接纳了老学者的建议，从此只阅读与自己兴趣相关的书籍，才能堂堂正正地走到今日的馆长之位。而如果当初他还是一味地乱读书，也许他可能会被一些并不利于他发展的知识误导，最后混乱一团，自己找不着方向。人生正是如此，善于辨别真伪，去伪存真，取其精华去其糟粕，会使你的梦想插上翅膀，飞得更高！

第三章 取智舍愚——用智慧打开财富的大门

在一座大森林里住着两只小白兔，他们生活在一棵大树下的树洞里。兔妈妈每日负责出去寻找食物。兔子兄弟两个就留在家里等待妈妈的归来。

但是一日，兔妈妈出去了好久都没回来。于是兔大哥对兔小弟说："我们自己出去找食物吧！"兔小弟很听话地跟着兔大哥出去找食物了。他们走了不远就发现了一片蘑菇地，五颜六色，十分好看！兔大哥开始疯狂地吃起来，兔小弟却怯怯地不敢进食，兔大哥问他："笨蛋，你怎么还不吃啊？难道还不饿啊？"兔小弟摇摇头弱弱的回答道："妈妈说有些蘑菇是有毒的，我们不懂还是不要乱吃，采回家等妈妈回来再吃吧。"兔大哥不屑地瞥了兔小弟一眼，继续低头猛吃那些五颜六色的蘑菇。

这时，兔妈妈及时赶到了，说："傻孩子，那些黑蘑菇是不能吃的。"兔大哥肚子疼得躺在地上打滚。过了好久才恢复过来。而兔小弟却因为不乱吃而避免了危险。

那些五颜六色的蘑菇就像你身边的各种信息，在你也不知道哪些有用的情况下最好不要照单全收，也许那些坏的因素就可能导致你全盘皆输。找到合适的方法，辨别哪些才是最有利的，丢掉那些垃圾信息，不仅可以让你顿时感觉轻松许多，还可以让你避免很多伤害。三十岁的您应该学会辨别真伪，高喊"取其精华去其糟粕"的口号行进在人生大道上，相信前方一定是坦途大道！

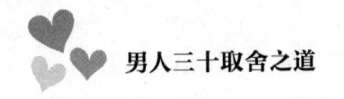

> **取舍之道**
>
> 　　三十岁的你在奋斗的时候需要很多信息，但是有些信息并不是对你有用的，有些反而是有害的，甚至导致你全盘皆输，让你的人生提前画上句号。为了避免此类情况发生，三十岁的你应该学会辨别真伪，去伪存善，取其精华去其糟粕。相信这样做的你一定会在将来的事业领域取得一片更辉煌的成就！

养成自我总结的好习惯

　　古人云：君子博学而日参省乎己，则知明而行无过矣。一个人如果能够养成每日做总结的好习惯，那么在以后的人生道路上就会少走很多弯路，避免不必要的错误，而头脑也将会更加睿智。三十岁的你，要学会沉思，学会反省，学会总结，养成这样一种好习惯，相信在你的人生道路上会让你受益匪浅的。

　　我们生活在这个世界上，哪能没有犯糊涂做错事的时候？现在的都市生活如此快节奏，大多数的人都无暇静下心来思考这一天过得到底怎样，做到了什么，又得到了什么？如果没有经过反复的深思熟虑，相信在很多情况下的贸然行动都会得不偿失；而通过反复推敲，总结得失，

第三章　取智舍愚——用智慧打开财富的大门

则可以避免一些不必要的过失。所谓"前车之鉴，后事之师"，有了对往日错误的思考，才能走好人生的下一步棋。善于做自我总结是三十岁男人的一种成熟表现，它可以让男人的行为更沉稳，也更成熟。

职场当中，一些公司总会在一天工作结束时或者在一周结束的时候要求员工对自己的工作情况做一个简单总结：所做的哪些是最有成效的，哪些又是多余浪费精力的。这样做不但可以避免一些失误重复出现，还能有效地提高工作效率。男人对待自己也一样，工作要给自己做一个日程安排和总结表，生活中则可以养成写日记、记日志的习惯，不管哪一样，把自己这一天的感受心得记录下来，总结这一天的得失，相信你一定会有所收获的。尽管生活忙碌，但是作为有责任的男人，千万不能像一头蒙了眼罩的骡子围着磨盘只知道转圈，却从不停下脚步思考自己这样做到底有什么意义。

小强和小明分别是一家公司的职员，两个年轻人都在为梦想奋斗。但是生活并不是永远一帆风顺，两个人在工作中也时常遇到一些麻烦和挫折。不过，两个人的心态都很好，并不一味悲观。不同的是小明每天都"傻傻"地把遇到的失败经历都记录在自己电脑里的隐秘文件夹里，而小强却表现出无所谓的态度，继续日复一日地工作。有一天，小明又在总结失败教训，却不小心被小强发现了，小强嘲笑他说："你老是把这些糗事记下来不是打自己脸嘛？过去的就让它们都过去吧！"小明点击保存并关掉电脑站起来对小强说："你不懂！"

三个月后，两个人的工作情况开始有了明显差异，原先做一项工作容易犯错的地方小强还是照犯不误，但是小明却又快又好地完成上司交

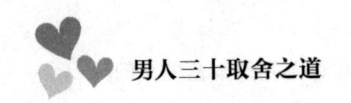

给的任务，失误为零。结果显而易见，小明的工作效率要比小强好，上司也对小明大加赞赏。一年以后，小强成了小明手下的一名助理，而当初他们是同一时间进入公司的职员。

　　人生因为一个小小的总结而不同。故事虽短，却精辟的总结了两个人不同结果的原因。不给自己做总结的人，抱着"过去的就让它过去吧"看似随意的人生态度，工作进展依然缓慢还时有错误再犯；而另一个却因为及时总结自己过失，抱着"前车之鉴，后事之师"的心态，避免了自己在以后的工作中出现错误，并积极矫正，使自己的工作更有效率，最终得到老板的赏识荣升为经理。一个小小的总结却改变了整个人生，但是，怎样做总结才有益于生活和工作呢？那么接下来给大家推荐一些自我总结的方法：一为条目式，整理材料并概括为要点，按一定的次序分为一、二、三等，一项项地写下去。

　　二为三段式，即从认识事物的习惯来安排顺序，先对总结的内容作概括性交代，表明基本观点；接着叙述事情经过，同时配合议论，进行初步分析；最后总结出几点体会、经验和存在问题。

　　三为分项式，即不按事件的发展顺序，而是把做的事情分几个项目，也就是几类，一类一项地写下去，每类问题又按先介绍基本情况，再叙述事情经过，再归纳出经验、问题三个顺序写下来。

　　四为漫谈式，比如给别人介绍自己的学习经验，就可用漫谈式，把自己的实践、认识、体会慢慢叙述出来。不同方法的利弊不同，需要我们从实际出发去选用，也可创造其他形式，因人而异的应用。写好个人工作总结需要注意几方面问题：

　　1. 总结前要充分占有材料。最好通过不同的形式，听取各方面的意见，了解有关情况，或者把总结的想法、意图提出来，同各方面的干部、群众商量。一定要避免领导出观点，到群众中找事实的写法。

2.一定要实事求是，成绩不夸大，缺点不缩小，更不能弄虚作假。这是分析、得出教训的基础。

3.条理要清楚。总结是写给人看的，条理不清，人们就看不下去，即使看了也不知其所以然，这样就达不到总结的目的。

4.要剪裁得体，详略适宜。材料有本质的，有现象的；有重要的，有次要的，写作时要去芜存精。总结中的问题要有主次、详略之分，该详的要详，该略的要略。

5.总结的具体写作，可先议论，然后由专人写出初稿，再行讨论、修改。最好由主要负责人执笔，或亲自主持讨论、起草、修改。总结的方法还有很多种，你可以因人而异寻找最适合自己的方法，定期给自己做自我总结。相信做到这些，你的工作和生活会更有目标，做事也会有规律起来，坚持下去，一定会有意想不到的美好收获。

三十岁，正是风华正茂、奋力拼搏的年纪，做一个善于做总结的好男人，习惯改变人生，相信这样的一个好习惯会让你的人生过的顺风顺水！

取舍之道

善于总结能让三十岁的男人更有魅力，养成自我总结的好习惯不仅可以避免旧错重犯，而且可以省出更多宝贵的时间去

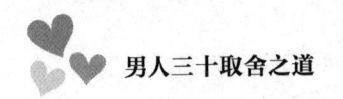

> 做更有意义的事情，坚持下去，这种好习惯会帮助你在三十岁以后的道路走得更稳更远！

随时充实"智囊库"，人生何处不潇洒

男人拥有自己的"智囊库"，会让自己走得更加稳健。最基本的"智囊库"，就是在你熟读各类书籍后积累的知识，这个储存知识的"仓库"就藏在你的大脑中，当你有一定的阅历时，丰富的知识就会让你培养出成一种敏锐的意识，让你待人接物的视角也会有所改观；"智囊库"被我们随身携带，当你遇到问题的时候，千百种的解决方法就会从"智囊库"中蹦出来供您参考，你的决策才不会出现盲目性。

社会的方方面面都有智囊团，它的作用堪比"军师"。在公司里有决策层，也有出谋划策的智囊团，这个团队是由一些行业精英组合起来的，对公司的运营方面起着主导性作用。就个人而言，我们在为目标奋斗的时候，也应该为自己安装一个这样的"智囊库"，虽然比不上一些权威的精英们，但是以此为鉴，积极地搜寻一些有益的知识装进自己的大脑里，日积月累，就会形成一个随身可带的"智囊库"，遇到问题的时候，大脑一转，灵光一闪，不用请教别人自己就可又快又好地解决

问题。

小沈阳现在已是一个家喻户晓的名人,而在《不差钱》这部小品之前他还仅仅是一个东北地区卖艺的二人转演员。他学过武术,学过表演,学过唱歌……在他父亲眼里他就是一个跑龙套的小角色,但是他父亲不知道的是小沈阳靠自己的勤学好问,已经在一些地方剧院小有名气并招来了赵本山的关注。后来拜师在赵老师门下,并于2009年央视春晚中因表演《不差钱》一炮走红。有人说他这是偶然,机遇巧合。可是如果没有他平时的多学多问,丰富自己,那么他也不可能在舞台上把刀郎刘德华等人的声音模仿得惟妙惟肖。小沈阳就是这样靠自己多学多练,不断丰富自己才成为今日人人关注的新星。

小沈阳以前是一个名不见经传的艺人,但是从他的经历可以看得出他正是通过不断丰富自己,积累知识和才华才能让自己让众人所知。三十岁的男人更应该重视积累,生活中的你也一样,如果能不断地学习,填充自己的大脑,使自己的知识富足起来,相信也有一刻因为你的渊博多识而成功的。小沈阳的《大笑江湖》似乎就在耳畔响起,它就像在告诉你生活无限机缘,只要保持不断学习的态度,不断丰富自己,打造自己内部的"智囊团",那么快乐地过每一天也不是不可以的。

三十岁的你也许与小沈阳的年龄相差无几,他的经历可以被你借鉴,但是寻求知识还得看你自己的行动。那么怎样才能使自己的"智囊库"形成呢?这不是一两句话就能说明白的事儿。它靠的是对知识日积月累的沉淀，在生活中善于观察，勤于学习，乐于总结积累，相信这样坚持下去，你的"智囊库"会鼓鼓的。

约翰很富有，他是一家公司的总裁。有一天他跟太太外出旅游，小孩不幸被绑架了。绑匪要求赎金100万美金。

焦急的夫妻二人再三考虑，还是报警求助。不幸的是，歹徒好像洞悉警方的侦察手法，对于警方的行动了如指掌，因此警方始终无法救出约翰的小孩。经过几天的煎熬，约翰父亲决定答应歹徒的要求交付100万美金，让他们的小孩能安全回来。

此时，电视里正在报道他的小孩被绑架的新闻，还分析说："从过去的记录来看，这类案子中，即使歹徒得到了赎金，人质安全回来的概率还是很小。"

这时，约翰想："既然这样，我何不把这笔赎金变成赏金，让全市的人来帮我救小孩。重赏之下必有勇夫，也许我的小孩获救的机会更大一些。"

打定主意之后，他就直奔电视台，他利用新闻早报的时间，在电视上公开向大众宣布他的小孩被绑架的事件，他希望大家能帮忙救出他的小孩。说罢，约翰把100万美金全部倒在主播台上，然后对大家说："只要谁能帮我救出我的孩子，这100万的赎金就成为悬赏的奖金。"

约翰这一举动，大大出乎众人意料之外。尤其是绑架约翰小孩的歹徒，看了约翰把赎金变赏金的报道后，更是不知所措。

有的歹徒认为：约翰现在把赎金变赏金，不如把小孩送回去，并假装是救出小孩的英雄，一样可以拿到 100 万的赏金。

而歹徒的首领却坚决反对把小孩送回去。

这样一来，本来行动一致的歹徒，因意见不一，且互相争执，最终起了内讧，互相残杀。他们的内斗惊动了附近的邻居，有人报警了。

警方发现这些歹徒竟是犯了绑架案的绑匪，于是将他们绳之以法，并成功地救出了小孩。

约翰自身丰厚的知识积累，和广泛的社会阅历构成了其充实的智囊库，在关键时刻，他能巧妙应用，机智的救出了自己的孩子。许多人做事都以常规的方式去做，结果决难获得一个自己想要的结果。约翰正是凭借深厚的知识积累，运用智慧，把赎金变赏金，按常规的方式或许是死胡同，但打破常规，不按常理出牌，有时却能闯出一条成功的路来。

我们的头脑中都储藏着一个智慧囊，常常应用它就会使糟糕的事情化险为夷。智慧的力量无处不在，只要有充实的储备，随机应变的灵动，那么三十岁的你无论是在职场上还是在生活里都会如鱼得水的。重视积累，终有一天你会明白它的妙处。

智慧的力量无与伦比，再怎么强壮的敌人都会败在智慧的头脑下，三十岁的你应该抓紧时间填充自己的大脑，相信有了充足的智慧，并且灵动运用，你的人生前途一定是光辉一片的！相信智慧，就是相信成功！

男人三十取舍之道

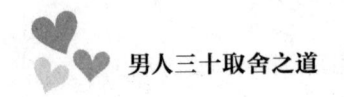

> **取舍之道**
>
> 三十岁的男人应该懂得积累智慧是最宝贵的财产。勤奋的学习，丰富自己的大脑，这就像在自己身边安装了一个智慧囊，随时抽取自己需要的知识去应对即将面对的挫折和问题，相信那时你一定会有手起刀落的爽快感的。

靠智慧赢得财富

三十岁的男人正处于事业的开创、起步阶段，也身背家庭的重任，财富的获取能有力的支撑你的"大后方"，获取财富要靠智慧。"智慧"这个词语我们经常说到，但究竟什么是智慧呢？有人说智慧就是聪明，也有人说，智慧就是知识，我们认为这些说法都不准确。其实智慧就是生活的艺术，它是一种高度理性的生活方式。三十岁的男人正是智力成熟，逐步探索到真正智慧的人，他们深知人性，了知人生，所以能够宁静淡泊以处事，忠厚仁义以待人，能让三十岁的你众望所归，更加精彩。

三十岁的男人要合理地利用好每分每秒，赢取时间增长自己的智慧，经营好自己的事业，才会为你源源不断的带来财富，并让你实现延

第三章 取智舍愚——用智慧打开财富的大门

续财富的梦想。如果你不善于利用智慧创造财富，不尊重事物规律，再多的财富，也终将让你成为穷光蛋，延续财富更等同于空谈，挖掘自己的智慧，大胆地去行动，你也会财源滚滚挡不住。

有智慧的男人都是有内涵和爆发力的人，无论他们做什么事都会酝酿一段时间后爆发出惊人的光焰！而他们酝酿的正是深厚的智慧。人生就像一根蜡烛，而头脑里的智慧就是一根火柴，当你哗的一下擦燃火柴的时候也就点亮了人生这支蜡烛。丰富的智慧不仅可以使的人生更加多姿多彩，还可以帮助您在事业的道路上的百尺竿头更进一步。没有智慧人生就像一段枯木，毫无生机。也许就是碌碌无为的一生，回忆及往事的时候也没什么可怀念的。所以，展开你丰富的联想吧，尽量去补充自己头脑中的智慧，用智慧去点亮自己的精彩人生！

如果三十岁的你还在为事业拼搏，智慧也起到至关重要的作用。严介是中国太平洋建设集团董事局主席，他在2005年胡润百富榜从排名66位一下跃居到第二位，成为财富增长最快的人。谈到创造财富的秘诀，他曾语出惊人："我觉得中国遍地是黄金，想怎么赚就怎么赚。不过经商靠的是智慧。"他最后强调了智慧，可见智慧在事业方面的重要性，男人更不可缺少创造财富的智慧。

这里有一个故事，说的就是靠智慧赚钱。

在西班牙巴塞罗那举行的第25届奥运会举办之际，该市一家电器商店老板同时宣称："如果西班牙运动员在本届奥运会上得到的金牌总数超过10枚，那么顾客自6月3日到7月24日，凡在本商店购买电器，就都可以得到退还的全额货款。"这个消息轰动了巴塞罗那全市，甚至

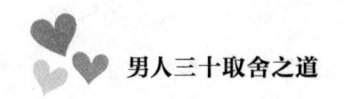

西班牙各地都知道了这件事。显而易见，大家此时在这家电器商店买电器，就等于抓住了一次可能得到全额退款的机会。于是，人们争先恐后地到那里购买电器。一时间，顾客云集，虽然店里的电器价格较贵，但商店的销售量还是猛增。

然而人们梦想的事情发生了。才到7月4日，西班牙的运动员就获得了10金1银，正好超过了该商店老板承诺的退款底线。此时距7月24日还有20天的时间。如果以前购买电器的退款已成定局，那么在后20天内购买的电器无疑也得退款，于是人们比以前更加卖力地抢购该商店的电器。

眼看老板要亏死了，但别急，老板是一位充满智慧的人。他在发布广告之前，他先去保险公司投了专项保险。保险公司的体育专家仔细分析了西班牙往届奥运会，西班牙得到的金牌数最多也没超过5枚，一致认为不可能超过10枚金牌，于是接受了这个保险。这位老板这一次可以说是赢定了。西班牙运动员在本届奥运会上得到的金牌总数超过了10枚，电器商店要退的货款，届时将全部由保险公司赔偿。

男人要有一定的经商能力才会创造财富，故事里的老板用智慧不但保住了自己的老本还猛赚了一把。可见智慧的力量是多么大啊！还有一个故事说的是犹太人十分专精于做生意，是一个用智慧创造财富的典范。犹太人一向被誉为世界上最会做生意的人，他们经常会教育小孩子：要用智慧赚钱，当别人说一加一等于二的时候，你应该想到大于二。

第三章 取智舍愚——用智慧打开财富的大门

一天，一位犹太人父亲问儿子一磅铜的价格是多少？儿子答35美分。父亲说："对，整个得克萨斯州都知道每磅铜的价格是35美分，但作为犹太人的儿子，应该说成是3.5美元，你试着把一磅铜做成门把看看。"20年后，父亲死了，儿子独自经营铜器店。他做过铜鼓，做过瑞士钟表哂上的簧片，做过奥运会的奖牌，他曾把一磅铜卖到3500美元，此时，他已是麦考尔公司的董事长了。

大多数的富翁都是用智慧赢取财富的，犹太人最会用头脑里的智慧赚钱，有智慧的人走到哪里都不会受穷。即使把他变成穷光蛋，他很快又是富翁，因为他一时失去了资金和厂房，但他还有无限的智慧。洛克菲勒曾放言："如果把我所有财产都抢走，并将我扔到沙漠上，只要有一支驼队经过，我很快就会富起来"，这便是富翁的秘诀。

处在创业阶段的男人，什么都可以缺唯独不能缺少智慧。无数东山再起的故事告诉我们，只要把脑子用活，失败了还会成功，再赚钱是不成问题的。

创造财富的方式有很多种，唯有靠智慧赚钱能让我们更有前途。在财富时代，能应用智慧的人还是太少，有智慧但又能抓住商机的人更是不多。财富无处不在，只要我们开动脑筋，发挥自己的智慧，积极就能把握机会，成为财富的主人。

智慧对创造财富有着至关重要的作用，可以说没有智慧就没有现在的经济社会，更没有人类生存的多姿多彩的现代生活。三十岁的你还在犹豫什么，赶快应用你的学习力充实自己的智慧吧。用智慧赢取财富，用智慧来点亮你的人生，相信有了丰富智慧的你一定会在不久的将来取

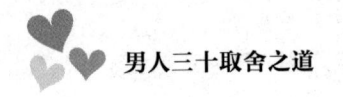

得非凡的成就！

取舍之道

男人拥有智慧，还需要一根点燃蜡烛的小火柴。三十岁的男人可别小看了这根"小火柴"，正是因为有了这把"小火柴"，才能开创你的事业，激荡你的成功，让你的生活精彩纷呈。智慧的发挥让你在漫漫人生道路上化险为夷，创造出更辉煌的业绩。可以说，没有智慧，这个世界就像一块纯白的布，毫无景观可言。正是有了智慧，一切才慢慢有了色彩，并且华丽动人！三十岁对你快快充实自己的头脑，增加知识吧，有了智慧你便能拥有一切！

第四章
CHAPTER 4

取广舍窄——
抓住人脉，未来永不困惑

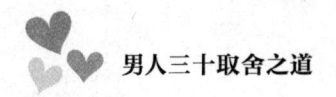

掌握最具魅力的社交策略

　　三十岁的你想必已经认识到了人脉的重要性，然而拓展人脉，组织一张更大的人际关系网并不是一件随便就能做的事。有策略的社交会让你更容易找到能帮助自己的人。社交中需要注重一些细节，适当发挥，掌握最具魅力的社交策略，相信你一定能为自己开拓出更大更广的交际面。

　　三十岁的男人在别人眼前应该有一种温文尔雅的气质，不能再像小青年那样动不动就爆粗口了。因为三十岁的你接触的人也都是一些稳重甚至有成就的人。如果你还是不注重言语行为，一定会在生活中经历很多磕磕碰碰的。有成就的人都是温和有礼的，即使有怒也能最小化的压缩在内心而不外露。在社交中也是如此，每个人都需要掌握一点社交礼仪，必要的时候为了某种目的还可以讲究一点策略。比如你想接近某位有身份的人，那你就需要下一番功夫了。有付出就有回报。相信在你的努力下你的目的也会尽快在你的策略下达到的。当然这里并不是教你诈。而是让你懂得凡事都需要一些技巧，太耿直的人往往容易吃亏。

那么三十岁你怎样才能掌握住最具魅力的社交策略呢？当今社会上流传的社交策略已经有很多，但是最简单的一条就是保持微笑，在你与人交往的时候永远别忘记用微笑来面对一切，这样会给对方一种安稳喜悦的感觉。其次还得学会怎样去选择朋友，其实朋友也可以划分等次的，有些可能只是玩伴而有些人却是你人生道路上的良师益友。社交很必要采取策略，避劣择优，让自己的人生过得更精彩一些而不至于碌碌无为。

掌握好的社交策略，可以让你找到更适合你的人群。德国一家银行的广告闻名全球，它是这么写的：你过你的日子，我们为你照顾细节。细节是什么？它往往是人们意外之中的小事。据说，此广告发布后，这家银行的可信度大大提高。并非一个组织如此，对于人们来说，那些非常关注细节的人，能够适时做点他人意外小事的人会使人们非常放心，能不值得信赖吗？做点他人意外小事，是丰满自己形象的一个重要方法。多为别人做点意外之中的小事，可以赢得对方对你的好感。这是社交的一个小策略。多为他人着想，他人也会感恩于你，当你身处困境，不用怕别人不会帮你。

一位哲人曾说过：任何细枝末节都具有非常重要的意义。既然这样，就做点他人的意外小事吧，这是对自身形象进行精雕细琢的重要举措，人们会因此对你赞叹和赞赏，你的人缘也会越来越好。

社交策略多种多样，有从动作细节判定对方心理的；也有从心理学方面猜测一个人成就的。但是万变不离其宗的是，如果你要交一位朋友，就要真心相待。试想，如果你怀着不良动机在人际圈里混，如果也遇到像你这样的人，只能造成彼此伤害。用心对待，善于择友，相信你做的这些都不会是无用功的。也许很快就能用到人家，别忘了对朋友说一声

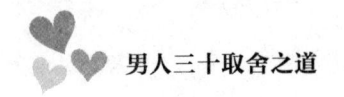

谢谢。

　　白小年是民国时期的一个唱曲子的名角，虽然身为女性，它却在当时大上海的名人圈里混得如鱼得水。她靠的并不是艳丽的外表，也不是多么深奥的心计，她更多表现的是一种坦率与大方。所以很多有名之士也都慕名而来为她的每场表演都捧场。最经典的一次事例是当时有一位达官贵族的少爷看上了她，非得要纠缠她与她结婚。但是她凭借自己的机智，婉转地拒绝了那位少爷。并且借助自己的人脉关系，她的很多场子上的朋友也都事后做了不少下文工作，彻底断了那少爷对她的妄想。

　　可见，真心而又有策略的拓展人际圈，不仅可以扩大自己交际面，提升自己的魅力，还可以在你困难的时候有人出来帮你一把。是的，社交策略是的应用让你独具魅力，但是但凡成功的人士都是靠着一颗与人为善的心与别人交往的。这样才能交到更多的良师益友，受他们的影响自己也会变得更加有魅力，而且在人生的道路走得更畅通一些。

　　三十岁的你还在奋斗，是否已经开始积极忙于拓展人脉了？有了一颗真挚善良的心，再辅以一些技巧策略，相信一定很快会成为一位非常有魅力的成功男士！

　　三十岁的你还在犹豫什么，赶快善待身边的每一个人，学会观察和分辨，与什么样的人怎样交往你都已了然于心，这样的你已多了几分成功的把握，而你的人生路也将是坦途大道，让人艳羡，因为此时的你已经是一位举止言谈都非常有魅力的成功男士了！

第四章 取广舍窄——抓住人脉，未来永不困惑

> **取舍之道**
>
> 男人要掌握很多交际的细节，社交策略是我们润滑每日生活的齿轮，会让你事事顺意；就是给你插上腾飞的翅膀，从而助你成功。重视我们的交际策略，就是锦上添花。现在开始重视社交细节吧，里面大有交际文章可做！相信保有一颗真诚的心，你一定会遇到更多的良师益友帮助你在人生的道路上取得更大的成就的！

努力掌握交谈的主动权

男人要有霸气方能成功，交谈更是这样。掌握了交谈的主动权，一切事物就尽在自己的掌控之中了。在很多公司的业务都需要跟单来完成，而在签单之前都需要一个商谈过程，如果这时候公司派你作为公司代表与客户交谈，你是否能够凭借自己的交谈技巧掌握住交谈的主动权，让客户与你成功签单呢？如果你能做到，那么源源不断的订单就会砸向你。当然，掌握交谈主动权是需要学习和实践的，只有通过不断的学习和磨炼才能成就自己一副好口才，并在人生谈判桌上掌握主动权，掌握自己的命运走向！

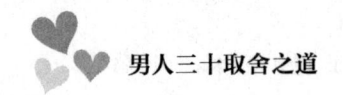

掌握交谈的主动权来自口才锤炼的运用。男人幽默的语言可提升自己在人群中的感染力，更利于交流；男人含蓄的语言可以提升自己在别人眼中的档次，自我形象得到美化。男人灵活应用语言课事半功倍，假如在签订合同时用含蓄的语言给顾客以稳重感，反之，你此时如果用幽默的语言就可能会给顾客一种不可靠的感觉，甚至影响合作的顺利进行。生活中，有很多的语言运用能够对自己的人际交往产生促进和提升的作用，需要我们灵活掌握。

男人在交谈中如果言谈得当，很可能就会引起对方的注意与欣赏，而且在你与人交流的时候可以牵着对方的鼻子走，但是说时容易做时难，有些时候还是需要临场应变的技巧。首先你的认知交谈的几个基本要求：

一、言之有物

交谈的双方都想通过交谈，获得知识、拓宽视野、增长见识、提高水平。因此，交谈要有观点、有内容、有内涵、有思想，而空洞无物、废话连篇的交谈是不会受人欢迎的。没有材料做根据，没有事实做依凭，再动听的语言也是苍白的、乏味的。我们在交谈时，要明确地把话说出来，将所要传递的信息准确地输送到对方的大脑里，正确反映客观事物，恰当地揭示客观事理，贴切地表达思想感情。

二、言之有序

言之有序，讲话的次序按照讲话的主题和中心来设计，安排话语的层次，交谈要有逻辑性、科学性。"使众理虽繁，而无倒置之乖；群言虽多，而无棼丝之乱。"（刘勰《文心雕龙》）有些人讲话，一段话没有中心，语言支离破碎，想到哪儿就说到哪儿，东一榔头西一棒槌，给人的感觉是杂乱无章，言不及义，不知所云。所以，交谈时，先讲什么，后讲什么，思路要清晰，内容有条理，布局要合理。

三、言之有礼

交谈时要讲究礼节礼貌。知礼会为你的交谈创造一个和谐、愉快的环境。讲话者，态度要谦逊，语气要友好，内容要适宜，语言要文明；听话者，要认真倾听，不要做其他事情。这样就会形成一个信任、亲切、友善的交谈气氛，为交谈获得成功奠定基础。

男人掌握交谈的主动权就要学会没话找话的本领。"找话"也即"找话题"，找交谈的切入点。找到了一个好话题，就能使谈话顺利地进行下去，使双方的谈话更加融洽自如。

事实上，要进行一次谈话并不是困难的事。陌生人之间一些简短的寒暄就能引发谈话。每个人都可能流于平俗，都可能涉入那简短的谈话，只谈论一些既缺乏机智又毫无意义的事情。然而这种短暂的交谈对于正式交谈的顺利启动是个很好的铺垫。林肯不仅是个杰出的作家，还是位出色的公众演说家，他与人交谈的艺术造诣深厚。不论是才华横溢的科学家、老谋深算的政客、远道来访的外国元首、还是穷乡僻壤的淳朴农民，他都能与之交谈。他极富幽默感，往往在谈话中插进机智的故事和幽默、趣闻来增强说服力。他已被人们认为是美利坚合众国总统中唯一的与马克·吐温和威尔·罗杰斯一脉相承的真正幽默大师。

交谈是林肯说服别人的主要方式，也是他的领导风格中独一无二的最重要和最有效的特点。林肯可以一对一地就几乎任何事情说服任何人。他喜欢和人交谈，他让白宫门户大开的原因之一即在于此。各色人等都被邀请入内和他谈话。然而，即使是那个时代最机敏的杰出人士在和林肯私人谈话时，也会受到林肯的支配。许多拜访白宫寻求某种照顾的人，发现他们已经身在大厅还弄不清楚林肯刚才怎样把他们打发出来的。

瑟洛·威德，一位著名的记者和政治活动家，有一次在林肯会晤时，他给林肯写了一封信说："当我和您在一起的时候，我连自己想说的一半也没有说完。这部分是由于我不想'转题'，部分是由于您的谈话改变了我的信念，消除了我的疑惧。所以现在请您有点耐心，容我把心中的话说出来。"颇为有趣的是，林肯有一次反过来给威德写信道："我坚信，如果我们能见面，那么分手时我们双方都不会留下不快的印象。"

林肯是个懂得交谈的大师，而当他成为美国总统时，他就有意识地运用了这种本领，并且取得了良好的效果。林肯就是一位懂得运用语言技巧的交谈能人，他能让对方乐于倾听，不经意间已经跟着他的谈话思考下去。如果在现实生活中，你能学习精妙的谈话技巧，主动掌握谈话的主动权，那么对方无论是谁都会随着你的谈话方向而思维的。掌握了主动权，你就可以顺利"兜售"你的思想给对方，那么你也就轻而易举的取得了你想要的成果！

交谈很普通，但男人要知道自己交谈的目的性，要问问自己"通过交谈我究竟想得到些什么？"是想表现和炫耀自己呢？还是想与别人做成交易，让别人在议定书上签字等。掌握谈话的主动权，你的谈话目的就很容易实现。三十岁的男人应该学习交谈技巧，掌握交谈的主动权，有一颗征服的心，那么无论是在生活中还是事业里你都会取得非凡的成就！

> **取舍之道**
>
> 三十岁的时候应该学习一些交谈技巧,因为在生活中经常会与人交流,如果你只是一味倾听跟着对方思绪走,你很可能变得被动而丧失主动权。如果能在生活中勤加锻炼,学习和总结出自己的交谈技巧,并且加以改进应用于自己的事业,主动掌握交谈的主动权,那么你一定会取得你想要的成果的!

以德服人,平易近人

平易近人的态度会让别人觉得你容易接近,一颗"以德服人"的心则可以让你"好人有好报"。男人以德服人,不仅服众,还要服己;平易近人,不仅对亲人朋友如此,更要珍惜你生命中出现的每一个人。

三十岁的你身边已有太多与你有关系的人,亲人、朋友、上司、同事等等,不管怎样,你都不能以冷淡的态度对待他们,当你以平易近人的姿态出现在他们面前时,他们也会给你回报之以笑容。正像那句话说的,生活就像一面镜子,你对它笑,它也对你笑;你对它生气,它也对你生气。所以,保持平易近人的态度可以影响你在生活中的氛围。每一个男人都希望与人为善,身边的每一个人都能和和气气的共事,这也是

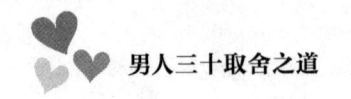

人生存在这个世界上本能需求。多一点笑容，会让你的生活一团和气。

男人以德服人，他人会为你的品德高尚而感化。以我之德化，来启人之良知，历史上这样的例子很多，即使是冥顽之人朝闻道而夕死的事也不少，这也算是临终而悟，而达到德化的目的；何况对于一般人，坚持我之美德与之相处，终可德化落后之人，保持真诚平和的人际交往。

星空中每颗星星都有自己的位置，社会中的每个人无论高低贵贱、大小强弱也都有自己的生存空间。男人要以诚待人，以德服人，相互照应，尊重他人的处事方式、生活习惯，与人方便才能与己方便，维护平衡，寻求和谐，共同创造良好的生存环境，体现出男人应有的宽宏大度的胸怀。

男人心胸开阔，豁达大度既是一种生活态度，又是一种思想深度、认识程度的体现。所以，其本身就没有统一的标准。每个人的认识角度不同，需求不同，其对心胸开阔，豁达大度的理解和要求也不同。人人都拥有一个博大的心理空间，懂得尊重他人，能忍受痛苦、委屈，就会减少碰撞和摩擦，世界就会在心中变大，矛盾减少，欢乐增多，阳光灿烂，生存空间也就自然显得宽阔了。曹操一生性格多疑，野心很大，但却在军队中却留下了美名。

一次麦熟时节，曹操率领大军去打仗，沿途的老百姓因为害怕士兵，都躲到村外，没有一个敢回家收割小麦的。曹操得知后，立即派人挨家挨户告诉老百姓和各处看守边境的官吏：现在正是麦熟的时候，士兵如有践踏卖田的，立即斩首示众。

曹操的官兵在经过麦田时，都下马用手扶着麦秆，小心地过，没一个敢践踏麦子的。老百姓看见了没有不称颂的。可这时，飞起一只鸟惊

第四章 取广舍窄——抓住人脉，未来永不困惑

吓了曹操的马，马一下子踏入麦田，踏坏了一大片麦子。曹操要求治自己践踏麦田的罪行，官员说："我怎么能给丞相治罪呢？"曹操说："我亲口说的话都不遵守，还会有谁心甘情愿地遵守呢？一个不守信用的人，怎么能统领成千上万的士兵呢？"随即拔剑要自刎，众人连忙拦住。

后来曹操传令三军：丞相践踏麦田，本该斩首示众。因为肩负重任，所以割掉自己的头发替罪。曹操断发守军纪的故事一时传为美谈。

对周围人报之以高尚，周围人也会对你赞叹有加，这是三十岁的男人的做人根本。让我们牢记立信守则："以信立身，以信立世，以信处事，以信待人"，做一个堂堂正正的人。

18世纪英国的一位有钱的绅士，一天深夜他走在回家的路上，被一个蓬头垢面衣衫褴褛的小男孩儿拦住了。"先生，请您买一包火柴吧"，小男孩儿说道。"我不买"。绅士回答说。说着绅士躲开男孩儿继续走，"先生，请您买一包吧，我今天还什么东西也没有吃呢"小男孩儿追上来说。绅士看到躲不开男孩儿，便说："可是我没有零钱呀。""先生，你先拿上火柴，我去给你换零钱"。说完男孩儿拿着绅士给的一个英镑快步跑走了，绅士等了很久，男孩儿仍然没有回来，绅士无奈地回家了。

第二天，绅士正在自己的办公室工作，仆人说来了一个男孩儿要求面见绅士。于是男孩儿被叫了进来，这个男孩儿比卖火柴的男孩儿矮了一些，穿得更破烂。"先生，对不起了，我的哥哥让我给您把零钱送来了。""你的哥哥呢？"绅士道。"我的哥哥在换完零钱回来找你的路上被马车撞成重伤了，在家躺着呢"，绅士深深地被小男孩儿的诚信所感

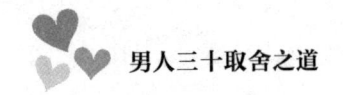

动。"走！我们去看你的哥哥！"去了男孩儿的家一看，家里只有两个男孩的继母在照顾受到重伤的男孩儿。一见绅士，男孩连忙说："对不起，我没有给您按时把零钱送回去，失信了！"绅士却被男孩的诚信深深打动了。当他了解到两个男孩儿的亲父母都双亡时，毅然决定把他们生活所需要的一切都承担起来。

这位绅士有怜悯之心，以高尚的人格情操帮助困难中的小男孩，小男孩也同样信守约定，去给他找钱。但不幸的是遭遇车祸，绅士了解这件事后，他高尚的品格再次促使他找到小男孩，并负担起了它的所有费用。

古语云："遇欺诈之人，以诚心感动之；遇暴戾之人，以和气熏蒸之；遇倾邪私曲之人，以名义气节激励之；天下无不入我陶冶矣。"意思是说，遇到狡猾欺诈的人，要用赤诚之心来感动他；遇到性情狂暴乖戾的人，要用温和态度来感化他；遇到行为不正自私自利的人，要用大义气节来激励他。假如能做到这几点，那天下的人都会受到自己的美德感化了。诚然，生活中千人千面，千变万化，每个人都面临适应人生，适应社会的问题。所谓以不变应万变，面对大千世界，抱定以诚待人，以德服人的态度来适应人们个性的不同。就是对冥顽不化的人，也要以诚相待使他受到感化，所谓"精诚所至，金石为开"。

有了德心则可以立身安命，也真正应了三十而立的命题。三十岁的你秉承"以德服人、平易近人"这一准则，相信你会在今后的生活中一帆风顺的，并且因为你的这些优良性格会有贵人相助。因为这个世界生存的人根本需求还是善良的。如果只是有才无德，那么大多数是会被众人在背后唾骂的。有了德心，也有和蔼可亲的面貌，那么三十岁的你已有成熟男人的一切优点了。

> **取舍之道**
>
> 男人三十而立,首先要立德心,如果没有一颗德心,那么自己的行为就可能歪斜,可能造就更大的错误。这个社会的节奏是快速的,但是有一颗善良的德心却是永不过时的,有时候你可能只要保留一颗善良的德心,就可以有丰硕的收获。而平易近人的言行又使你锦上添花,让你在生活中更加顺风顺水。

有时退一步就是前进

人们常说人生如"逆水行舟,不进则退",但也未必总是如此,以退为进可以说是缓兵之计,试想,当事情陷入僵局,当实力悬殊,当条件不成熟的时候,退一步应该是明智的选择。男人三十岁要做好权衡,只有进退自如才会赢得先机。

三十岁正处于人生事业的爬升期,一切都需要与别人竞争才能达到目的。然而,生活并不尽人意,有时甚至让你在人生前进的道路上狠狠地跌上一跤。处世之道有"进"与"退"之分,仅仅依靠"进"是不够的。

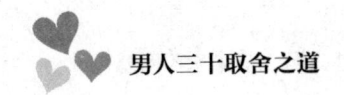

处世圆通，懂得退让能让我们更好地生活和工作，这是通向成功的有力保证。如果只进不退，或者进有余而退不足，那么四处碰壁就是在所难免的。

所以，三十岁的男人并不是那些针锋相对的人，而是那些能屈能伸的人。错误和不足并不是不可原谅，反而可能是我们进一步战胜对手的机会。真正的强者，让事实说话。他们会坦然地承认自己的错误，但是一样可以让自己的错误成为扭转局势的拐点。

有位老师想辨别他的3个学生谁更聪明。他采用如下的方法：事先准备好3顶白帽子，2顶黑帽子，让他们看到，然后，叫他们闭上眼睛，分别给戴上帽子，藏起剩下的2顶帽子。

最后，叫他们睁开眼，看着别人的帽子，说出自己所戴的帽子的颜色。3个学生互相看了看，都踌躇了一会儿，并异口同声地说出自己戴的是白帽子。那么，他们是如何知道的呢？

这个问题看似简单，但是其中却隐含着许多奥秘。

为了解决以上的问题，我们先考虑"2人1顶黑帽子，2顶白帽子"问题。因为，黑帽子只有1顶，我戴了，对方就会说自己戴的是白帽子。但他踌躇了一会儿，可见我戴的是白帽子。这就说明，我戴的是白帽子，3人经过同样的思考，于是，都推出自己戴的是白帽子。

这就是我国著名数学家华罗庚的"退步解题方法"。多么巧妙的方法啊！更重要的是，它给予我们一个提示：碰到有一些题目中的关系式很复杂的时候，不妨"退一步"解决问题。人生也正如这道算术题，有时候，退一步可以进百步。让自己退一步就是给自己做很好的调整，也

第四章 取广舍窄——抓住人脉，未来永不困惑

给对方一个更好的机会，也是给自己更多前进的空间。这样比用强势逼迫对方改变更有效果。

男人具备了审时度势的能力，并不代表就会做出正确的判断。当形势的发展对自己不利的时候，主动权就被别人所掌控，我们可能处处受限，此时，你选择后退是明智的。因为，后退不是逃避，而是时机不成熟时的回旋智慧，也是成就大气候的契机。每一次的后退都能磨炼你的意志，提高你的勇气，考验你的耐心，培养你的能力。应该抛弃以一时"进退"论英雄的偏见，而着眼于在后退忍让中积聚自己的潜力。人正是在适当时的后退中，不断超越自我。

一位技术功底深厚的留美计算机博士，毕业后在美国找工作，结果好多家公司都不录用他，思前想后，他决定收起所有证明，以一种"最低身份"再去求职。

一段时间后，他被一家公司录用为程序输入员，这对他说简直是"高射炮打蚊子"，但他仍干得一丝不苟。不久，老板发现他能看出程序中的错误，非一般的程序输入员可比，这时他亮出学士证，老板给他换了个与大学毕业生对口的专业。

又过了一段时间，老板发现他时常能提出许多独到的有价值的建议，远比一般的大学生要高明。这时，他又亮出了硕士证，于是老板又提升了他。

再过一段时间，老板觉得他还是与别人不一样，就对他"质询"，此时他才拿出博士证，老板对他的水平有了全面认识，毫不犹豫地重用了他。

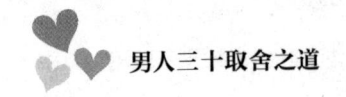

以退为进，由低到高，这是男人实现自我表现的一种艺术。每一次后退都能磨炼你的技巧，提高你的勇气，考验你的耐心，培养你的能力。应该抛弃以一时"进退"论英雄的偏见，而着眼于在后退忍让中积聚自己的潜力。

退是一种战略战术，有它自身的智慧和哲学。退不是逃跑，战略性的退必须秩序井然、有条不紊、不慌不乱。男人在退却中要把损失和伤害降低到最小，更要为将来留下机会，为他日东山再起埋下伏笔。

以退为进，是一种做人的大智慧。作为三十岁的男人，在这方面如果运用得好，将受益匪浅。作为一个团队的领袖，受大众至少是团队内部成员的关注程度肯定会高于一般人。生活中，我们可能受到来自不同方面的攻击，比如有些人可能对情况不怎么了解又喜欢乱下结论，甚至将一些莫须有的罪名加到头上，这时候你去辩解不容易达到适当的效果，反而也会让人觉得你心中有鬼，更何况有时候你无意之中真的会犯一些错误，辩解只能让自己越描越黑。

对没有的事情不置可否，事情终会有水落石出的一天，那时候你不是可以得到更多人的尊敬吗？有什么小错就承认了也没什么大不了，人家反而会觉得你人格高尚，勇于承认错误更易得到大家的谅解，而且一个光明磊落的人即使错又能错到哪里去呢？不辩自明，一种极好的公关技巧。

孙子兵法云："作战如治水一样，须避开强敌的风头，就如疏导水流；对弱敌进攻其弱点，就如筑堤堵流。"人生亦是如此，有时退一步是为了积蓄力量，为下一次取得更大的进步做准备，千万不能以一时进退论英雄！

第四章 取广舍窄——抓住人脉，未来永不困惑

> **取舍之道**
>
> 退需要智慧，三十岁的男人能进能退、能屈能伸。勇往直前、百折不挠固然可喜，但有限的生命难以承受太多的重量，人生不可能永远负重前行。让一步往往比争一步更具有强大的力量。让一步可以体现出更伟大的气魄和人格，让一步也是一种策略和智慧，为的是更伟大的目标和更长远的计划。

敢于说"不"，但不要得罪人

男人要有自己的主见，拒绝是做人的原则，而说不需要智慧。生活中人们总会遇到不尽如人意的事，但是出于面子或者别的原因你又不好意思对别人说"NO"，所以怎样在生活中说"不"也是一门艺术。得当恰切的拒绝别人，不但可以让自己避免做委屈的事，也可以让对方不误解你的拒绝。怎样才能及时有效地说"不"，全身而退呢？这就需要三十岁的你善于察言观色，在适当的时机运用正确委婉的言语说服对方接受你的"不"。

拒绝的艺术需要在实践中历练。如果一位亲密好友邀请你去参加他的宴会，但是你已经有别的预约，出于情意又不好意思拒绝他的邀请。

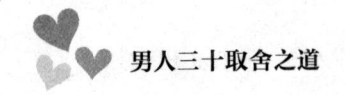

这种情况下你该怎么办呢？这是一种相当尴尬的境遇。可能会有人说直接拒绝掉不就完事了，但这样做岂不是坏了朋友好意？很可能在朋友心里留下不愉快的印象。所以怎样说"不"也是一门艺术，正确恰当地运用，会让你的生活更顺心顺意。

生活中，男人遇到这种情况首先要三思而后行，冷静地站在对方的位置思考，看看对方的事情缓急，是否要比自己的事情还要重要急切，如果真是这种情况你应该果断放弃预约去帮助你的朋友。当然生活中也不尽是你的好朋友的邀请，也可能是其他人，比如上司和同事，这种情况是最尴尬的，因为你的拒绝必须是慎之又慎，一不小心可能就得罪了你的上司或同事，在今后的日子里会让你苦不堪言。所以拒绝也是一门学问，有些时候，我们本想拒绝，心里很不乐意，但却点了头，碍于一时的情面，却给自己留下长久的不快。所以，我们学好它至关重要，有利于提高我们的工作效率和生活质量。下面一些建议，希望对你有用。不要贸然的立刻拒绝，这会让人觉得你很武断；也不要轻易拒绝，这会失去许多帮助别人的机会；不要在愤怒的时候拒绝，这容易在言语上伤害别人；不要随便拒绝，这会让别人觉得你不重视他；不要无情的拒绝，这可能带来反目成仇；不要傲慢的拒绝，因为别人可能再也不会请求你；要尽可能婉转地拒绝，因为对方会感动于你的真诚；要笑容的拒绝，这会让对方欣然接受；要有出路的拒绝，能提供方法则提供方法。喜剧大师卓别林曾说："学会说'不'吧！那样你的生活将会美好更多！"想做个有求必应的好好先生并不容易，人们的要求永无止境，往往是合理的、悖理的并存，如果当面你不好意思说"不"，轻易承诺了自己无法履行的职责，将会带给自己更大的困扰和沟通上的困难度。"助人为快乐之

第四章 取广舍窄——抓住人脉，未来永不困惑

本"，是人人都可朗朗上口的一句格言，但是，当别人前来要求协助时，难免会遇到自己力不从心的时候，这个时候该如何拒绝呢？

拒绝首先让对方明白你的真实意思。有些人在拒绝对方时，因感到不好意思而不敢据实言明，致使对方摸不清自己的意思，而产生许多不必要的误会。像是当你语意暧昧的回答："这件事似乎很难做得到吧！"原来是拒绝的意思，然而却可能被认为你同意了，如果你没有做到，反而会被埋怨你没有信守承诺。

所以，大胆地说出"不"字，是相当重要却又不太容易的课题。有人喜欢你直截了当地告诉他拒绝的理由；有人则需要以含蓄委婉的方式拒绝，各有不同。

我国著名的书法家启功先生，在20世纪70年代末向他求学、求教的人就已经很多了，以致先生住的小巷终日不断脚步声和敲门声，惹得先生自嘲曰："我真成了动物园里供人参观的大熊猫了！"有一次先生患了重感冒起不了床，又怕有人敲门，就在一张白纸上写了四句："熊猫病了，谢绝参观；如敲门窗，罚款一元。"先生虽然病了，但仍不失幽默。此事被著名漫画家华君武先生知道后，华老专门画了一幅漫画，并题云："启功先生，书法大家。人称国宝，都来找他。请出索画，累得躺下。大门外面，免战高挂。上写四字，熊猫病了。"这件事后来又被启功先生的挚友黄苗子知道了，为了保护自己的老朋友，遂以"黄公忘"的笔名写了《保护稀有活人歌》，刊登在《人民日报》上，歌的末端是："大熊猫，白鳍豚，稀有动物严保护。但愿活人亦如此，不动之物不活之人从何保护起，作此长歌献君子。"呼吁人们应该真正关爱老年知识分子的健康。

启功先生拒绝别人实在情不得已，有病在身起不了床，但是直截了当的拒绝人们的要求又不符合启功先生做人处事的原则，所以最后才采用了幽默的方式拒绝，也可以称之为无奈的拒绝。同是拒绝求人者，不同的拒绝方式给人的感受是不同的，有的拒绝能让人接受和理解，而有的拒绝则使人仇视和反感。可见，同是拒绝，还是应该多注意些方式，多讲求些技巧。

三十岁的男人应该给自己重新的定义，在这个时候你更应该懂得怎样去倾听别人的想法，然后再做出自己的选择，恰当的时候就直截了当地说出自己不愿意接受的原因；而有些时候则尽可能委婉地表达自己不能接受的缘由。相信经过深思熟虑，你所做出的拒绝才会更能让对方接受，并得到对方真诚的理解，这样既不伤害彼此之间的情谊也可推掉对方的邀请，两全其美。

取舍之道

男人要活出自己的风格，三十岁的男人应该敢于说"不"，特别是在自己不愿意或者自己要忙于其他事的时候，不要唯唯诺诺，这样更容易造成对方对你的误解，这个时候完全可以直截了当地说出自己不能说"是"的缘由。当然，如果你只是不想接受的话可以采用一些委婉的方式表达，这样更可以让对方理解你的处境，尽量做到不伤彼此的情谊。

第五章

CHAPTER 5

取爱舍恨——
用爱经营自己的幸福一生

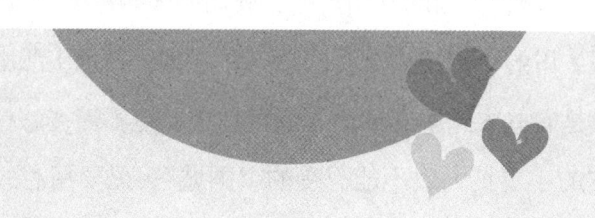

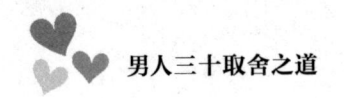

别把婚姻当"围城"

"婚姻是围城,里面的人想出去,外面的人想进来",这是钱钟书的小说《围城》里的一句广为流传的语句。其实,婚姻生活中的事情很简单,只不过是有些人过于感性而不懂得把控,也不懂得怎样去容忍,才把鸡毛蒜皮的小事扩大成不能忍受的"围城",只要用心经营,相信你的婚姻一定是让人艳羡的空中花园!

三十岁的男人大都已经结婚,有些人甚至已经有了孩子,过了这么久的两人世界或者三人生活是不是已经有了许多感慨?有些人甚至这样想,婚姻是一纸契约,更多强调的是责任和义务。如果我们不把婚姻当买卖,不希望通过婚姻这个踏板去改变什么;如果我们对自己的感情非常有把握,不需要给爱情上婚姻的保险,那么相爱的人为什么一定要结婚呢?为什么一定要走进婚姻的围城?大家不都是说"婚姻是爱情的坟墓"吗?

人的一生是不断发展变化的,人的感情也是变化发展的。随着时间的推移,随着彼此学识、地位、经济能力的改变,感情自然也会发生改变。二十几岁和三十几岁的人在选择爱情时肯定有很大的不同,所以你

第五章 取爱舍恨——用爱经营自己的幸福一生

敢说在二十几岁时恋爱的对象就一定是你终身的伴侣吗？还是听听罗大佑的劝告吧"你曾经对我说，你永远爱着我；爱情这东西我明白，但永远是什么？"

假如你认为你有一万个理由要结婚，那么你不妨先问问自己：你对即将开始的婚姻生活做好准备了吗？你有充分的物质基础营造一个温馨的家吗？你准备好了每天为柴米油盐酱醋茶操心吗？你准备好了为人夫、为人父吗？你做好了应付各种家庭问题的心理准备了吗？最重要的是，你能肯定自己现在爱对方，并且能持续到永远，而对方也能始终如一的爱你？不要觉得这些问题太庸俗、太世俗。爱情是神圣的，婚姻是现实的。这都是实际，现实的婚姻生活远没有想象的美好和浪漫。认识到婚姻与爱情的差距，相信你也能更理性的对待婚姻可能出现的问题。

爱情之所以甜蜜，除了互相关心以外，还要在于相互欣赏，如果你可以把对爱人的这份欣赏坚持下去，那么你们之间的感情也会更加温馨甜蜜，而对方也一定会因为感动而更加尽心尽力的关心你，帮助你，照顾你。这样和谐的家庭氛围难道不是你一直追求的吗？所以从现在开始做一个聪明的好丈夫或好妻子，不要吝惜你的赞美，用心地去欣赏自己的爱人，想当初恋爱的时候一样，那么你的婚姻一定会是充满幸福的。

这时候忽然想起了这样一个故事：

有一位画家以其作品富有生命气息而闻名，同时代的画家无人能比。人们看了他的画，都说他画得活灵活现、栩栩如生，他真是一个天才的画家。

的确，他的画作实在是杰出的艺术品。他画的水果似乎在诱你取食，而他画布上开满春花的田野让你感觉身临其境，仿佛自己正徜徉在田野中，清风拂面、花香扑鼻。他画笔下的人，简直就是一个有血有肉、能呼吸、有生命的人。

一天，这位技艺出众的画家遇见了一位美丽的女子，顿生爱慕之情。他细细打量她，和她亲密地交谈，越来越产生好感。他对她一片赞扬，殷勤关怀，无微不至，终于使女士答应嫁给他。

可是婚后不久，这位漂亮的女士就发现丈夫对她感兴趣原来是从艺术出发而非来自爱情。他欣赏她身上的女性美时，好像不是站在他矢志终身相爱的爱人面前，而是站在一件艺术品前。不久，他就表示非常渴望把她的稀世之美展现在画布上。

于是，画家年轻美丽的妻子在画室里耐心地坐着，一坐就是几个小时，毫无怨言。日复一日，她顺从地坐着，脸上带着微笑，因为她狂热地爱他，希望他能从她的笑容和顺从中感受到她的爱。可是他没有。

有时她真想大声对他大声喊："爱我这个人，欣赏我这个女人吧，别再把我当成一件物品来爱了！"但是她没有这样说，只说了些他爱听的话，因为她知道他绘这幅画时是多么快乐。

画家是一位充满激情，既狂热又郁郁寡欢的人。他完全沉浸在绘画中的时候便只能看见他想看见的东西。他没有发现，也不可能发现，尽管他美丽的妻子微笑着，但她的身体却在衰弱下去，内心正在经受着折磨。他没有发现，画布上的人日益鲜润美好，而他可爱模特脸上的血色却在逐渐消退。

这幅画终于接近尾声了，画家的工作热情更为高涨。他的目光只是偶尔从画布移到仍然耐心地坐着的妻子身上。其实只要他多看她几眼，

第五章 取爱舍恨——用爱经营自己的幸福一生

看得仔细些，就会注意到妻子脸颊上的红晕消失了，嘴边的笑容也不见了，全部被他精心地转移到画面上去了。

又过了几周，画家审视自己的作品，准备作最后的润色——鼻子上还需用画笔轻轻抹一下，眼睛还需仔细地加点色彩。

妻子知道丈夫几乎已经完成了他的作品，精神抖擞了一阵子。当画完最后一笔时，画家倒退了几步，看着自己巧手匠心在画布上展示的一切，画家欣喜若狂！

他站在那儿凝视着自己创作的艺术珍品，不禁高声喊道："这才是真正的生命！"他整个人已经陶醉在那幅画像里了，久久他转向自己的爱人，却发现她已经死了。

故事里画家的悲剧在于他不会欣赏妻子的温情与美丽。婚姻不是工作，画家忘记了在婚姻中他是丈夫，却在用职业的眼光欣赏妻子，而那不是她需要的欣赏。

三十岁的男人对待婚姻要有正确的态度，做好正确的取舍。应该说，从恋爱到围城，有两种不可取的态度，一种是沉迷于恋爱时的浪漫自由，一种是心安理得于婚姻的磕磕碰碰。恋爱时的烂漫，婚后也许不可能持续下去。同样，婚姻中频繁发生的磕磕碰碰，也不能以"一个锅吃饭，难免锅沿碰锅勺"来理解，经常这样，也如与药罐做伴的一个人，说不上健康美丽。结婚不仅是生理距离上的缩短，更是精神距离上的缩短。人们总是向往爱情而抱怨婚姻，其实爱与婚姻本就是一码事，就如蝌蚪之于青蛙，不过是发展的阶段不同，蝌蚪茁壮成长的结果，自然要蜕变为青蛙。但是爱与婚姻还有区别，爱更讲究心灵相融，两情相悦，但云

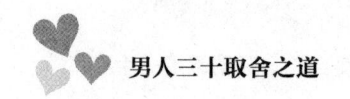

因则包含着更多的责任与义务。

　　无奈的是，爱是一种平静而欢愉的感受，但在恋爱之始，男女之间的相互消耗就已悄悄地开始，尤其是结婚以后，被局限在狭小的空间里，爱不再是甜蜜的回忆，而是满头雾水，一堆麻烦，是精力和体力皆被消耗后的一生喟叹……

　　其实，要避免这样的麻烦，古人早就说透，叫"两情若是久长时，又岂在朝朝暮暮"。虽然它本意不是说男女对于婚姻的失望，但对治疗这样的心态甚有疗效。夫妻间适当的分开一段时间，便是运用"距离产生美"这样的原则，夫妻感情进而得到融洽。"我们要天天相恋，但不要天天相见"，这是很有道理的。可以想想燕子，人们多数非常喜爱它，这绝不仅是由于它小鸟依人，也不是由于它生得美丽，重要的是它属于候鸟，秋去春来，给人一些思念。麻雀如果变成候鸟，喜爱它的人也会大大增加吧。

　　男人要想让婚姻保险，就应该借鉴一下候鸟的习性。有这种特性的婚姻，最大的好处是使夫妻间的情感生活不再单向发展，而是给二人提供了最大的自由空间，双方在经济独立的基础上寻求感情的独立。两个人在婚姻之外可以有关系明朗的异性朋友。如果各自状态不好、工作繁忙就不一定聚在一起，这样就可以避免不必要的冲突。

　　婚姻不是围城，男人完全可以将婚姻处理的十分甜蜜。世界上最远的距离是男女之间的距离，最近的距离也是男女之间的距离。真正好的感情，拉得开但又扯不断。在适度分开的时日里，两个人可以找回自我，并且可以通过其他方式而不是局限在餐桌上和枕头边进行交流，在精神上的沟通反而会比在一起的时候多。男人在世界上立足，保持自由的状

第五章 取爱舍恨——用爱经营自己的幸福一生

态和宽松的心境是活着的最高境界。做候鸟而不做家雀，在婚姻的围城里，我们应该追求这种状态的婚姻，不应该相互拴得死牢，直至产生厌烦，因为家并不是一个特定的空间，而是心灵的一种感觉。也许这种感觉的获得也是一种围城的突围吧。

三十岁的男人可以在爱情这个感性的东西之外多加一点理性，对待妻子和孩子可以多融入一些包容，多给对方一点包容和惊喜，相信对方会因为彼此而光荣和幸福的！

取舍之道

打点好你的大后方，妥善处理好你的婚姻关系，男人才可以放心地在外面驰骋拼搏。生活是一面镜子，爱人更像你的影子，你的一切行为在对方身上体现出来，试着以宽和仁爱的心来经营婚姻，理性地解决婚姻生活中出现的小问题，相信对方也会因为你的宽容和理性而给予温情的回报。

充当婆媳之间的"润滑剂"

当三十岁的男人组建了一个家庭时，他就被两个女人所分享，那就

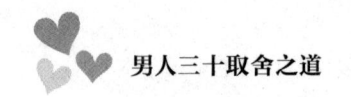

是媳妇和母亲。人们常说，当婆媳之间发生矛盾时，做儿子和丈夫的，是夹心饼干，左右为难。其实，智慧的男人完全可以充当婆媳之间的润滑剂，避免母亲和娇妻之间的冲突。在她们有矛盾的时候，你也能运用恰当方式让大事化小小事化了。千万别置身事外，等到问题变大的了你才发现局面难以收拾，甚至可能发展成整个家庭的内斗，严重影响家庭的幸福和睦，这是每个男人都不愿看到的。

有一个流传很久并且很俗套的问题："如果你的母亲和妻子同时落水，你会先救谁？"我们这里暂且不管这个问题大家怎样回答，而是先谈论另一个问题，那就是我们常常讨论的婆媳关系。

那么婆媳关系应该是怎样的呢？社会学家认为："婆媳关系在家庭人际关系中有其特殊性的一种关系，它既不是婚姻关系，也无血缘联系，而是以上两种关系为中介结成的特殊关系。因此，这种人际关系一无亲子关系所具有的稳定性，二无婚姻关系所具有的密切性，它是由亲子关系和夫妻关系的延伸而形成的。婆媳原来各自生活在不同的家庭之中，各有自己的生活背景、生活习性，而现在婆媳在一家生活，这就有一个逐步了解相互适应的过程。如果适应不良，彼此不能接纳，便会关系紧张，矛盾丛生。"

做好婆媳间的润滑剂，男人就要认识婆媳的各自立场，有的放矢地做工作。对于一个男人的母亲而言，儿子是她最重要的情感寄托，丈夫最多排在第二位。这样一来，儿子一旦结婚，就意味着做妈妈的将失去自己最重要的情感寄托，这种巨大的丧失恐怕没谁愿接受。不甘之下，婆婆免不了展开一场和儿媳的争夺，而对妻子而言，自打结婚后，这个男人成了自己的终身依赖，固然希望丈夫的心思都放在自己的身上。有

第五章 取爱舍恨——用爱经营自己的幸福一生

时候很多矛盾的发生，都是因为这两个女人各自觉得自己有道理，都不肯退让，都觉得自己已经付出的够多，而对方不知道感恩。也都不肯检讨自己自身的问题，只是一味地都逼中间的男人"明辨是非"。那么，处在夹缝中的男人怎么办的？毕竟，在婆媳关系中，儿子起着十分重要的中介作用。儿子的这种中介作用如果发挥得好，则可以加强婆媳之间的情感联系，反之，则容易成为矛盾的焦点，出现"两面受敌"的困境，在生活中，我们常常发现有许多男人，不善于处理这种家庭内部矛盾，更不懂得如何平衡和调解母亲与妻子之间日益下滑的关系，他们唯一能做的，就是不停地"救火"，尽己所能把两头都摆平，可问题就是他两边都搞不定，苦得只有他自己，他似乎要被母亲和妻子撕成两半了，站到那一边都不对。

男人在母亲与妻子之间最忌讳的表现有两种：一种是娶了老婆忘了娘，什么都是唯老婆命而是从，好像自己从石头缝里蹦出来的自己长大的一样；一种么就和前面的刚好相反，什么都听老娘的，让自己老婆满腹委屈，也不知道当初娶老婆回家到底是要疼老婆还是虐待老婆的。

男人都是喜欢享受安静和幸福，惧怕麻烦。当婆媳间有冲突时，男人应该站在哪一边？很多男人都选择站在自己这一边，当老婆生气地将抹布往厨房里丢，妈妈将盘子往客厅里扔时，许多男人会选择跷腿继续看报，因为他不想介入两个女人的战争，因而便选择逃避，很鸵鸟心态地认为，婆媳间的事情应该由她们自己去解决，自己不要有事情就好。

一旦婆媳"开战"，男人就不要置身事外、不管不问。做儿子的人，一定要了解，如果婆媳之间有了问题，通常自己才是问题的根源，只是大部分的男人不明白这一点，总觉得自己卡在两个女人之间很为难，却

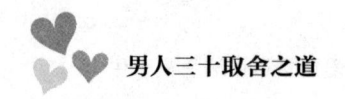

不想，母亲和妻子毕竟在一起的了解和时间都远不如你，她们肯定有自己的生活规则和思维方式，站在任何一个人的角度她们都可能觉得自己是有道理的，唯一可以调解的人就是你，你必须担当责任，而不是在争吵中推脱和逃跑，你必须要把事情解决，做一个讲道理的天平。

男人要智慧的调节婆媳关系。男人与其不断地疲于奔命的调节，还不如，让母亲和妻子双方尽可能发现彼此身上的长处，在有些时候不妨说一些善意的谎言，多和母亲说老婆的好处，给母亲买的东西都说是老婆给买的；多和妻子说母亲的好处，给妻子买的东西可以酌情说成母亲给买的。发生家庭矛盾了，如果你对母亲有不满之处，决不要跟妻子说；如果对妻子有不满之处，决不要跟母亲说。如果母亲对你说妻子的不是，一定要尽力为她辩解，切忌顺着话头往下说，完了向妻子去问清楚；反之亦然。最好能分别找母亲和妻子谈一下，避免三人对峙的那种情形出现，在母亲不在的时候对妻子亲热一点，殷勤一些，在妻子不在的时候，对母亲关心一些，体贴一些。告诉母亲与妻子，她们是他生命中两个最重要的女人，舍弃那一个他的生命都不完整。如果，他的妻子或者母亲真的爱他，会学着彼此适应的，有时候不妨强势一些，让她们不要为了彼此鸡毛蒜皮的事情吵闹，告诉她们，自己在外边上班，为生活奔波多累，回家还不能清净。再吵闹，自己就不回来了，看她们还吵不吵。此外，人和人都需要距离感，母亲和妻子也一样，不能总在一起。当然也不能总不见面，那样就成了陌路人了。还有，尽可能给她们创造面对同一利益的局面，因为只有面对同一利益时，婆媳才难得一条心。

男人要把母亲和妻子可能发生的矛盾尽可能地化解在自己身上，这样，一般就不会造成双方直接的冲突。如果偶有不慎，双方发生了直接冲突，立场要站在母亲一边，但是态度要让大家都看得出来：不是因为老婆不好，而是因为老婆是自己的，跟自己更近，事后再向老婆赔不是。

所以，打造融洽的婆媳关系，男人们永远要记住：一等男人调和，二等男人逃避，三等男人受气，四等男人加入战队。只有在婆媳关系中做一个会一等男人，才能还家庭一个安宁祥和，美满幸福。

> **取舍之道**
>
> 　　三十岁的男人如果还不懂得调节婆媳之间的关系，那么就算不上好男人，上对不起母亲的养育之恩，下有对不起爱人对自己的爱心。好男人懂得做婆媳之间的润滑剂，而不是一味充当婆媳之间的夹心饼干两头受气。好男人懂得在婆媳之间发生冷战或争吵的时候会主动站出来安抚大家，更懂得在平常里撮合婆媳之间的关系，使之更融洽。所谓防患于未然，如果老公在平日里能使母亲和媳妇之间的关系其乐融融，又何来争吵之说呢？

多花点心思在孩子身上

到而立之年，一些人组建了家庭还有了孩子。男人为了生活而努力

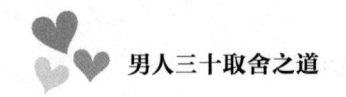

奋斗着，因为孩子的健康成长是父母的第一职责，也是一切努力和付出的根本目的；奋斗没有错，但不要因为忙于工作和事业，而忽视了对孩子的教育和引导。

为人父的感觉是欣喜的，男人多花点心思在孩子身上是大有益处的。孩子们正处于教育的最好阶段，这时候作为父亲你有职责给孩子们一些指导，更要多一点关爱。有些父母由于工作的原因而常常不能回家，所以把孩子寄宿在学校里，这样的孩子是缺乏关爱的，也是孤独的，如果这时候没有一个对他足够关爱和指导的人出现，那么这样的孩子是很容易受伤的，甚至误入歧途。父亲在家庭中像是座山，对孩子的影响巨大，而作为父亲的你在家庭中又扮演着极其重要的角色，如果你还不能给孩子关爱，谁还会去关心你的孩子成长呢？

傅雷是中国著名的翻译家，更是中国家长教育的典范。其中最为著名的就是他写给孩子们的家书，编辑为《傅雷家书》。信中首先强调的，是一个年轻人如何做人、如何对待生活的问题。傅雷用自己的经历现身说法，以及自身的人生经验教导儿子待人要谦虚，做事要严谨，礼仪要得体；遇困境不气馁，获大奖不骄傲；要有国家和民族的荣辱感，要有艺术、人格的尊严，做一个"德艺兼备、人格卓越的艺术家"。同时，对儿子的生活，傅雷也进行了有益的引导，对日常生活中如何劳逸结合，正确理财，以及如何正确处理恋爱婚姻等问题，都像良师益友一样提出意见和建议。拳拳爱子之心，溢于言表。

傅雷说，他给儿子写的信有好几种作用：一、讨论艺术；二、激发青年人的感想；三、训练傅聪的文笔和思想；四、做一面忠实的"镜子"。

信中的内容，除了生活琐事之外，更多的是谈论艺术与人生，传递一个艺术家应有的高尚情操，让儿子知道"国家的荣辱、艺术的尊严"，做一个"德才俱备，人格卓越的艺术家"。傅雷将自己对子女的爱融进了书信里，让儿子在潜移默化中得到成长。爱子之情是人之常情，而傅雷对儿子傅聪的爱却没有成为那种普通的温情脉脉，而是始终把道德与艺术放在第一位，把舐犊之情放在第二位。正如他对傅聪童年严格的管教，虽然不为常人所认同，但确乎出自他对儿子更为深沉的爱。尽管是父亲写给儿子的家书，是写在纸上的家常话，却如山间潺潺清泉，碧空中舒卷的白云，父亲的感情纯真、质朴，令人动容。

正是因为在傅雷动之以情晓之以理的关爱说教下，虽然子女远在他方，却也给了孩子足够多的关爱和指导，他的孩子傅聪也成为著名的钢琴大师和英语特级教师。正是由于他对孩子的一直关爱才成就了今天孩子的辉煌。所以说，一个父亲对孩子有多大影响，看了傅雷家书你便知晓。

李峰的朋友特别多，加之工作关系，应酬很多，有时回家天都亮了。在妻子不断地催促与等待中，两人的感情走到了边缘。

一天，妻子意外地发现自己怀孕了，于是打消了与李峰离婚的念头。而从来不会推辞应酬的李峰，竟然学会了托词，回家的积极性越来越高。孩子几个月大的时候，李峰说："有了孩子后，出差、在大街上、商场里看到别人家的孩子，总会立马想到自己家的宝贝。真是一生的牵挂呀，在外逗留的心思全没了，只想快点回家看到宝贝。"三十岁的男人一旦有了孩子，就会变得坚强，也容易变得脆弱。变得坚强是因为，为了宝宝可以做许多从前力所不及的事、从前不敢尝试的事；变得脆弱是由于养育一个宝宝的压力增大，不自觉地伤感。

有了孩子的男人变得勤劳，也变得懒惰。变得勤劳是因为，有了宝宝从前最爱睡懒觉的也能起早，最不爱做的家务现在也要主动去做；变得懒惰是因为，从前最爱看的足球赛也懒得熬通宵去看，哥们儿外出喝酒游玩的呼喊也会装作没听见。

不知不觉，男人已经步入人生的一个新阶段，在每个不同的阶段，男人需要扮演不同的角色。有了孩子，才能真正地体会老人的那句话："不养儿不知父母恩。"三十岁的男人现在所做的正是父母为自己做过的啊！

多花点心思在孩子身上，哪怕是陪他读读书，打打球，关心下孩子的学习，做几次认真的交流。这不仅可以让孩子的心灵得到温暖和净化，而且在你陪孩子的这段时间里，他也从您身上学到了很多为人处世的方法，当他在面对困难时不至于那么错乱慌张。因为他知道还有一个无所不知的老爸。多花点心思在孩子身上，更是为了整个家庭幸福着想，试想你一个人奋斗一辈子是为了什么呢？还不是为了这个小小的温馨的家。而如果你还不能给孩子一点关心，你还能为整个大家庭做些什么呢？你赚再多的钱又有什么意思呢？

可见，对孩子多一点关心是有多么必要。千万不要因为工作的原因而忽略了对孩子的关注。特别是三十岁的你，虽然是家庭的主要经济支柱，每日为这个家庭劳碌奔波，但是只要有心，就会影响到孩子的。最可怕的是忽视跟孩子的交流，即使住在一起也隔着一道看不见的墙。

三十岁的你应该放缓自己的工作，多抽出一些时间陪孩子了。他们才是家庭的幸福源泉，如果缺乏了对他的关爱，那么家庭的幸福之花也将会枯萎。而你的关爱就像雨露，有了做父亲的关爱子女才能滋润成长。所以，请不要吝啬你的父爱吧！多一点关爱给孩子，相信你会体验到真正的天伦之乐！

取舍之道

三十岁的男人或许有种种原因，跟孩子接触不是太多。然而对孩子的关爱却是没有时空限制的，你对孩子的关爱可以体现任何一个小细节上。相信只要对孩子有足够的关怀与指导，您的孩子也一定会快乐健康的成长为国家栋梁之材的！这并非说笑，所谓近朱者赤，一个好的父亲是会教育出更优秀的下一代的。但前提是，你得多留一点心给你的孩子！

工作是为了家，而不是让你忘了家

男人从小就被灌输要做一名男子汉的思想，一个安于现状的男人

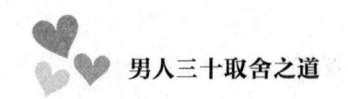

在这个社会上是难以发展的，有志气的男人就要去奋斗，这是这个社会赋予男人的使命。然而在奋进的道路上，你不要忘了我们奋斗的目的是什么？你所奋斗的一切都是为了整个家庭的幸福。男人不能因为工作太忙，而本末倒置把家给忽视了。家庭是一种情义，是一种担心，更是一种牵挂，更是一种一辈子要担负的责任。你可以对某些事物不屑一顾，但对于家庭，却不能不管不问，男人对上要有"仁子之孝"，对下要有"爱子之痛"，对妻要有"宽夫之心"，对己要有"律己之习"。家庭对于每个人的意义都是不相同的，然而相同的是那里都是你爱的源泉，需要你去呵护，去回报，去关心。

从刚踏上社会稚嫩的新人，风风雨雨一路奔波到三十岁，你所奋斗的一切是为了什么呢？是为了家庭，父母，妻子，孩子。有了他们你的生命才算完整；有了他们，你才有事业的拼劲；有了他们，你才不至于在受伤的时候无家可归甚或无人安慰。总而言之，男人就是为了家才出去奋斗的。但是很多男人在为工作的奋斗的时候却忘记了自己的初衷，忘记自己曾经是为了家庭的幸福才出来打拼的。这样的境况是可悲的！三十岁的你如果已经是这样，那就危险了。家中的老母需要你去赡养，妻儿需要你去安抚，如果只是一味地忘我工作，那么你失去的将会比得到的还要多！

所以，工作的同时别忘了回家看看，父母妻儿有什么需求。也许父亲需要一个烟斗，母亲需要个木梳，儿子需要一个玩具，妻子只想你陪陪她，很简单的事情只需要你花费少许的时间，就可换来大家的幸福感，何乐而不为呢？也许有人问，我并不是富翁，整个社会是如此难以生存，如果少一分的奋斗时间那我就可能落后于同事，或者挣的钱不足于养育整个家庭。你的担忧是多虑的,真正有钱的老板哪个不是家庭观念的人呢?

曾热播一时的电视剧《奋斗》激励了多少80后啊,然而其中的陆涛与回国的生父之间的故事却很少有人关注。陆涛的父亲是成功的地产商人,身家过亿,然而却没有一个可以安心的家庭作为精神支柱。所以晚年他回国寻找自己遗落在大陆的儿子陆涛,然而倔强的陆涛却不愿意承认这样的父亲,当年为了生意而抛弃整个家庭的老男人。在亲生儿子的责问下,老人心痛欲绝,悔不当初!他虽然掌握了最挣钱的门路,却打不开家庭的心路,一个人疲惫地徘徊在温馨的家庭门外,孤独而苍老。然后他想补偿儿子,也想弥补自己的过错。慢慢地他也尝到了家庭所带来的爱的滋味,笑容比挣到几亿还要灿烂,这就是家庭的温暖。自此以后,他开始用心做一个好父亲!一位把家庭放在第一位的商人!

所以,千万不要等到自己懂得家庭重要的时候再回头去弥补,那样已经给家庭带来了巨大的创伤,需要时间才能慢慢治愈。倒不如提前对家庭多一点投入,你得到的回报将是无可比喻的。每当你想起家庭成员时都能微笑该是一件多么幸福的事呢!那么先从爱父母妻儿开始吧。对于父母,你可以常回家看看,时而给老人买一些生活用品,因为他们老了,很多事情自己已经做不动了,正是需要你乌鸦反哺,帮助他们的时候。也可以给儿子买一些书籍或者玩具,时而陪他在草地上玩游戏,相信你作为父亲的形象在儿女心中一定会更伟大的!还有,千万别忘了在背后默默关注你的妻子,也许她不够漂亮,也许她还有点啰唆,但是那

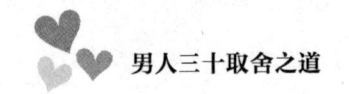

都包含着对你深深的爱，时而抱抱她，会让她更依赖也更支持你的。不要用"我在忙工作"为借口推脱掉"回家"的机会。慢慢地你就会失去对家庭的关心，也体会不到家庭的温暖。

家是男人幸福的源泉，也是男人一辈子的依靠。三十岁的你千万不要因为工作忙，就丢掉对家庭的关注。工作虽忙，但是家庭更重。男人虽然为了生存，需要花费很多精力和时间去经营工作，但是家庭更需要一个成熟男人去领导去关注。可以说，一个男人就是整个家庭的支柱，这不是重男轻女之说，只是说明男人更多地被家庭依赖。如果男人不能够在家庭需要他的时候及时出现，他很可能已经与整个家制造了一层冰墙，这是很可悲的。男人别等到钱多了没处花的时候，却没有家人与你共享喜悦，只留你一个人寂寞地徘徊在城市里，这是更大的悲剧。

王林生活在 B 市，老家却是乡下的，因为大学毕业随同同学来到这个城市，开头是艰辛的，刚开始他几乎到了难以吃上三餐的境地。当老父知道他这种情况的时候，就省吃俭用出一张火车票，自己背着一袋家乡特产来城市里找到他，并说："你母亲因为腿脚不好来不了，让你放心工作！"王林眼里盈满了热泪，其实他心里知道家里再也挤不出多余的一张火车票让父母一起来看他。

后来，王林的事业有了起色，并赚到了不少钱，他给家里寄钱让父母买了手机跟他通话。只是总是以工作忙的借口没说上几句就给挂了。有一阵子没联系了，他在一单买卖失败的时候突然想到了家，打过去电话，是老母亲接的，母亲的声音有点颤："好长时间没见你，妈想你！"这时，又听到老父责怪母亲的声音，然后对他说："娃，没事儿。你安

第五章　取爱舍恨——用爱经营自己的幸福一生

心工作吧！"他的眼眶又湿润了，因为他懂得家里只是不愿打扰到他。王林当下决定辞职回家过一阵子，带上自己的妻儿和父母共度一个大年三十。

回家的感觉真好，王林重返城市后重整旗鼓，事业终于出现转机，他觉得这是家带给他的力量。

身为男人虽然要为了生活奋斗，年纪已有三十岁，甚至也为人父，但是别忘了老家的父母和在家里打理家务的妻子。因为他们是你奋斗的初衷，也是你幸福的来源。多抽出一些时间陪他们，这才是幸福之道。

取舍之道

三十岁的男人出来奋斗的最终目的是整个家庭的幸福，不要以"工作忙"为借口而忘记了回家和对妻儿父母的关注，那样你丢掉的将是一笔巨大的精神财富。是你工作所争取再多的钱财也买不回来的。所以，别等到自己失去家庭幸福的时候再去弥补，那样为时已晚，已给整个家庭带来了巨大的黑洞。其实成熟的男人懂得，家是他在外奋斗的动力，也是他奋斗的原因所在。

男人三十取舍之道

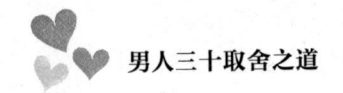

切莫淡薄了人之常情

随着男人经历的世事增多，见过的各色人物也增多，三十岁的心已经沧桑。回顾三十年的历程，有真挚热烈地投入初恋而被伤过的记忆，也有因做错事情而被父母责怪不理解的时候，但是回首过去，你是否会后悔自己不应该在别人身上投入感情呢？十有八九的男人都会选择不后悔的，因为他们懂得，有了自己真情的投入才换来自己一段与别人不一样的深刻回忆。

三十岁的男人就像一匹历经沧桑的老狼，心已经老练成熟，在生命中出现过各色各样的人，也与性情不一的人接触交往过。也许其中还有自己热恋过的女友，或者憎恨过的某位朋友，但是不管怎么说，你都不可否定这些人在你一生中扮演了重要角色，是他们为你的感情抹上了更多色彩。如果一个人没有感情，那又何异于行尸走肉呢？人生也是苍白的，用真心对待他人，将心比心，相信男人收获的不仅是一份情感，还有一段美好的人生记忆。

打造男人的情商，男人就不要忽视身边的人之常情。也许有些人的前半生都是坎坷的，被欺骗被伤害的次数已经不计其数，他们几乎已经失去了对他人信任的信心，但是万万不可以偏概全，因此就否定了全世界上的人。别的不说，比如身边的父母，父母一辈子都是在无私的奉献，全心全意地往你身上投入，他们不曾想过你有什么回报于他们，甚至在你青涩不懂事伤害到他们的时候，他们也会依旧关爱着你。难道这份感情不值得你感动吗？人之所以区别于动物，是因为人类有更丰富的感情，如果你只选择了愤恨与怀疑，那就猛于野兽，恶于豺狼，何异于动物？敞开你的胸怀，释放你的热情，你的人生会很幸福。

《赵氏孤儿》讲述的是晋灵公武将屠岸贾因其与忠臣赵盾不和，并嫉妒赵盾之子赵朔身为驸马，竟杀灭赵盾家300人，仅剩遗孤被程婴所救出。屠岸贾下令将全国一月至半岁的婴儿全部杀尽，以绝后患。程婴遂与老臣公孙杵臼上演"偷天换日"之计，以牺牲公孙杵臼及程婴之子为代价，成功保住赵氏最后血脉。

然而接下来发生的事更是曲折百回，不知实情的屠岸贾以为赵盾之家已被自己灭门，还要收赵家的遗孤为义子，而程婴也一直未告诉赵家遗子屠岸贾与他有杀父之仇，只是一心教育他的武功和文学，并且教育他用心做人，刚好与他凶残无道的义父屠岸贾形成反比。

有一日，屠岸贾带一把宝剑来到程婴的破草屋，唤义子出来戏耍，问义子想要宝剑吗，义子说想要。屠岸贾就把宝剑扔到了草屋屋顶，说你上去自己取，于是义子大喜之下就爬上梯子上了房顶。但是当义子拿宝剑的时候，屠岸贾悄悄搬走了他上房子的梯子。屠岸贾对他"你跳下来，我一定接住你！"他望了望屋下，挺高的，有点退缩，屠岸贾就一再强调他能一定可以接住他，他可以发誓。男孩跳了下来，屠岸贾就转身闪开了，男孩一下子摔在地下，甚是疼痛。他质问义父怎么能欺骗他，义父回答道："你要记住，这个世界上除了自己每一个人都不值得信任！"但是站在一边的程婴却又对男孩说："爬上屋顶，快！"男孩犹豫了一下，又爬上了屋顶，程婴在下边喊："跳下来，我接住你！"男孩有了第一次教训有点犹豫，但是闭眼跳了下来，程婴接住了他。

成年之后，男孩也是一名铁骨铮铮的男子汉，故事的结局就是他杀了有杀父之仇的屠岸贾，但是却把程婴看作比他的亲父亲还要亲的人！

一段小小的故事却说明了一份感情到底值不值得投入。从两人的结局显而易见，做人是要投入真情的，只有信任对方才能换来对方的信任，你越不相信别人，别人也就越不信任你。当然我们不能否定生活中也存在屠岸贾这样包藏祸心的坏人，所以有时候我们也需要一颗明亮的眼睛去分别哪些是值得投入感情的好人而哪些只是奉行实用主义的坏人，相信三十岁的你已经有了分辨是非之心，接下来要做的只是怎样去更好地对待你身边珍爱的人。

在一次战争中，一个在战壕中的士兵对他的长官说："长官，我的弟弟在前面战场上倒下去了，我请求让我过去救他。"他的长官说："你不要去了，你看外面子弹横飞，非常危险，而且看他样子恐怕已经死了，你去了，不过是白白浪费自己的生命。"

但是这个士兵非常坚持地说"不行长官，我必须去，因为他是我的亲弟弟！"长官最后没有办法只好让这个士兵冲出去救他的兄弟。最后，几乎是奇迹般的，他居然在枪林弹雨中把他的弟弟背回来了！

可惜的是，他的弟弟已经死了，而他自己也身负重伤，很快就不行了。那个长官很惋惜地对他说："你看，我说他已经死了，你非要去，现在你也不行了，你说在这样值得吗？"这个士兵用自己生命的最后的力气对长官很坚定地说"我觉得值得，长官。因为我到他身边的时候，他还没有死。他当时的最后一句话是：哥哥，我就知道你会来……"

从故事可以看出，手足情是最真切的亲情，到最后一刻也不会放弃对方的亲情。也许每个人的内心都穿着一件亲情的盔甲，抵御外力的冲击，以致皮外的伤痛也无法让我哭泣，那么手足就是我们的盔甲。我们或许有太多的不幸，但也许是命运的眷顾，在我因病痛而失去太多的时候，给了我们足够的亲情来弥补我的伤痛。除父母之情，还有手足之情的呵护。

三十岁的你应该更懂得对身边人的感情投入，人长大以后缺乏的不是金钱、物质，而是人心的关怀。如果你能够对对方多一点关心，那么同样对方也会多给你一些帮助。这不是等价交换，这是精神上的相互支持与依赖，没了感情投入的人是可悲的，他不但抛弃了自己也抛弃了与可亲的人之间的深入交流。那么他也只能永远活在自己的冥想世界里，那是一个虚无缥缈的想象世界，最宝贵的精神财富还在现实中你的身边！如果想要获得，那么首先就要付出。

相信付出终有回报，三十岁的你一定会感受到来自家庭社会朋友父母等等方面的精神关怀，因为你在平时已经对他们给予了更多关注，如果有一天你的心灵受伤了，那么这些人就是你心灵的港湾！所以，你要坚信，每一份感情都值得真诚投入！

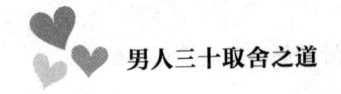

取舍之道

随着生活节奏的加快，和物欲的弥漫，越来越多的人开始怀疑有真感情存在，开始对身边的人之常情存有戒备心，甚至对身边的亲人朋友也开始设防。这是万万不应该的，也许这个世界存在一些坏人曾经伤了你心，但是你不能以偏概全，否定了整个世界。身边的人之常情都需要你去关注，比如亲情，友情，爱情，只要你愿意投入，相信你一定会体验到什么叫快乐的！所以，请认真对待每一份感情吧，真诚的投入必定换来将来幸福的回报！

第六章
CHAPTER 6

取雅舍俗——
品位生活，品味人生

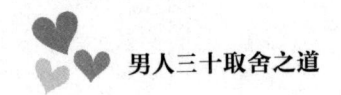

打造男人三十岁的翩翩风度

三十岁的男人逐渐步入人生的成熟阶段，一种潇洒自信的风度也逐渐浮现在身上。三十岁的男人最主要的标志就是身上散发的那种成熟稳重而又不失风度的气质，这种气质只可假以时日培养，不可一日造就。特别是日常的行动细节，往往能在不经意间培养出个人的儒雅风度。正所谓细节决定成败，在一个男人的品位方面也是如此。千万不可小看了生活中的行动细节，也许一不小心就风度大失，惹人笑话了！

三十岁的男人要弄清楚什么叫风度？风度包括人的言谈、举止、态度，是人的心灵、性格、气质、涵养与外在的综合表现。男人的风度各异，有的文质彬彬、温文尔雅；有的敏捷聪慧、飘逸潇洒；有的坦率豪放、坚毅果敢；有的气度恢宏、深沉练达。在我们这个社会上，人们羡慕优美健康的风度，向往和追求风度美，已经成为生活中的潮流。然而，要使自己拥有优雅的风度，并非一朝一夕便可养成，它需要持久而艰苦的自我磨砺，更需要对生活细节的把握和修饰。

在生活中男人要有注意绅士风度。说话要得体，说话要算话。在生

第六章 取雅舍俗——品位生活，品味人生

活要做一个好男人，一定要懂得好男人的标准，明白作为一个生活中的好男人应当做的事情，清楚好男人应该在生活中注意哪些细节。

男人彬彬有礼往往可以表现文明社会男士的道德风范，也可以看出一个男士的受教育程度。有的男士因与女友相处不得要领，结果不欢而散。其实，男士的风度不仅应表现在与女友的交往中，还应表现在日常生活中对女士的态度上。

一是您应该先向所遇到的熟悉的女士微微点头打招呼。如果某位女士向您走来，请您记住，如果她主动伸出手，您才能与她握手。

二是在公共场所偶然遇到熟悉的女士互相问好时，可以不握手，但必须把手从口袋里拿出来，把烟从嘴上拿下来，如果吃着东西要停止咀嚼，当然，女士也一样。男士在大街上随便让女士停下脚步是有失体面的，哪怕是熟人。如有急事当然可以例外。

三是如果您与女伴走在街上遇到熟人，您不能把女伴晾在一边没完没了地与熟人交谈。您可以把熟人介绍给女伴，但是如果您必须与熟人谈什么事情而且三言两语说不清楚，可以另约时间见面或打电话联系。

四是如果某女士坐您开的车，您一定要打开车门让女士先坐在副驾驶的位置上，您再坐到自己的位置上。女士下车的时候，您要先下车，为女士打开车门。在车内探过身子打开车门的做法不雅观。当然，也不能让女士自己取出行李物品。

五是在咖啡馆或饭店与熟悉的女士会面时，要从座位上略略欠身以示欢迎。如果女士走近您，要站起来与其交谈。

六是晚会上您的女友要去卫生间稍事整理，您可以把她送到大厅，但要小心地绕行，以免打扰正在跳舞的人。

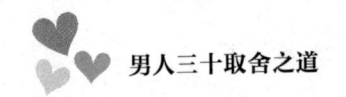

七是晚会结束后，如果有条件要开自己的车或打的送女友回家，别忘了谢谢女友接受邀请参加晚会。一般是看着女友走近楼门或家门。更礼貌的做法是，从汽车里出来，把女友送到她的家门口。

除以上七条可以表现男人的绅士风度外，男人还应具有以下优点：彬彬有礼，待人谦和，衣冠得体，尊重女性，谈吐高雅，自身修养，知识渊博，见多识广，有爱心，尊老爱幼，尊重女性，远离不良嗜好，身体健康，举止文明，谈吐文雅，穿着得体，人际关系良好，口碑载道等等。如果真有一个好男人能做到这些，那真是不容易，真是少见，但是为了博得女性的绅士风度，而特别锻炼弥补自己不足的，那样有些太累了，人最大的不同在于思维的不同，即便是长得两个一样的双胞胎，脑子里想的也都不一样的，但就是这种不一样，造就了这个千变万化的精彩社会，当然，不是说不好，良好的心态很重要，平和的。因为本身就是个综合素质的问题，而不是那里，那里的弥补等，综合的整体问题，就应该以一种平平淡淡，内在积累的质变。那样才最真的，才是最真情的流露。

男人的慷慨大方会让你风度翩翩。慷慨大方是男人风度的一种展示。慷慨大方可以消除别人的拘谨心理；可以寻回老人们的人生价值；可以取信于孩子的需求；可以赢得同族朋友的称道。慷慨大方使男人开阔了视野，增长了知识面，充实了生活，发展了自己的才干。

现实中人们最常见的是用衣服来穿出风度，或者以一种优雅之态来表现风度，其实些都是人为的风度，是风度的皮毛。而真正的风度是能在最不能控制自己的情况下控制住自己，达到常人所不能达到的境界，当你把那种超自制力发挥得淋漓尽致时，你自己本身就是一种风度。

三十岁的男人在生活中不经意间透露出的风韵与气质如果是一种高雅的，那么一定会吸引别人的注意与尊敬的。相反，如果一个男人到了三十岁还是邋邋遢遢，不注重穿着和言行，那么也一定会给别人留下"敬而远之"的感觉。男人在生活中，其实从小就应该养成注重细节的习惯，有素养的人总会受人欢迎的。等到三十岁，随着交际面的扩展，你也会更能体会到一个男人做到有风度是一件多么困难而又多么重要的事！

　　男人有万般风流，万端气概，沉着地挥洒，庄重地把持。男人从容地行过山水，豁朗地阅尽红尘，就有了男人气，这是男人的根本。携着男人气的男人就是风度男人。刚毅、勇敢、俊朗、儒雅、稳重、质朴、孤独、沉默都是男人的潇洒之处。

　　总而言之，男人在生活中要有风度，从细节抓起，不要因为一个小瑕疵就毁了三十岁的形象；要知道现在男人混的是一种脸面，如果好的风度与气质，那么在生活、工作中都会更顺利地与别人交际的。相反，则是一种失败的结果。

取舍之道

　　三十岁的男人不必要整日里为了脸面而故意使自己看起来像位绅士，真正的绅士风度是不能装出来的，而是从内心的自然发挥出来的，也靠后天的不断培养得到的，特别是在生活的小细节上，更能体现一个男人的风度与优雅。懂得做好细节方

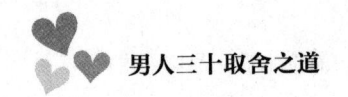

> 面，礼貌谦让，相信这样的三十岁男人一定是特别有风味的男士，也是广受大众喜欢的人物！

善于装扮的男人"电力"更足

到了30岁，很多男人都比较看淡了装饰上的重要性。生活中穿戴很随意，有些甚至古板，更有甚者，在重要场合也是生活便装。其实，善于装扮自己的男人更有魅力，它不仅能够显示自己的穿着庄重，而且还能显示你对别人的尊重。试想，一个穿着邋遢的人怎么能进入人民大会堂呢？现代人通过不断学习来给自己充电，其实，敢于装扮的男人同样"电力"十足！

形象是一个人最真实的名片，因此30岁男人应当注重自己的形象与打扮，如果自我形象随意，那么在社会活动中，在与别人的交往中，你的个人魅力和交际效果就会大打折扣。相反，穿着得体的人给别人的印象是良好的，人们也更愿意跟他合作。

在与人交往时，你的衣着姿态并不是默默无闻的，它是一个人层次与地位的最直观的体现。看看我们周围的路人吧，从他们的服饰中，你是否能看出他们的职业、个性、当前的生活状况和将来的潜力，应该不

第六章　取雅舍俗——品位生活，品味人生

是很难吧。某种意义上来说，一个人重视自己的衣着装扮，即意味着他决心改变自己的形象，改变他人对他的看法，从而从"印象"方面向别人进行着积极的推销。

男人的衣着并非名牌不穿，再前卫的衣着装扮，是需要跟提升自身的身价，太过了反而会给人留下"虚荣、浮夸、好大喜功"的印象，甚至有被人当成骗子的可能。最得宜的衣着装扮，是比你现有的身份提升一个格，仅仅是一个格而已，跨越步伐太大，难免出现根基不稳的状况。初涉职场的新人，可将自己装扮成公司的中坚力量；中层的管理者，可向上司的穿衣风格看齐；生意人可以装扮的精明干练，显示你的冲劲，站稳脚跟后，就可以穿得大气些、沉稳些，展示下自己的品位与信心。上升要一步一个台阶地走，总有一天，你会成为自己希望中的那个模样。

一位美国著名的形象设计大师曾经做过一个着装实验。着装实验的目的是要论证：按照社会中上层人士的习惯着装，或按照社会中下层人士的习惯着装，人们将如何看待他们的成功率，将如何与他们相处共事。

着装实验分两部分进行：首先，他调查了近2000人，给他们看同一个人的两张照片。但他故意宣称，这不是同一个人，而是一对孪生兄弟。其中一个穿着社会中上层人士常穿的卡其色风衣，另一个穿着社会中下层人士常穿的黑色风衣。他问调查对象，他们之中谁是成功者？结果87%的人认为穿卡其色风衣的人是个成功者，只有13%的人认为穿黑色风衣的人是个成功者。

其次，他挑选100个25岁左右的年轻大学毕业生，都出身美国中部中层家庭。他让其中的50个按照中上层人士的标准着装，让另外50

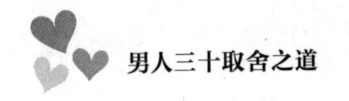

个按照中下层人士的标准着装。然后把他们分别送到100个公司的办公室，声称是新上任的公司经理助理，进而检验秘书们对他们的合作态度。他让这些新上任的助理给秘书下达同样的指令："小姐，请把这些文件给我找出来，送到我的办公室。"说完后扭头就走，不给秘书对话的机会。结果发现，按照中下层人士标准着装的，只有12个人得到了文件，而按照中上层人士标准着装的，却有42个人得到了文件。显然，秘书们更听从那些比照中上层人士标准着装人的指令，并较好地与他们配合。

实验者从中得出了这样的结论：大多数人都是本能地以外表来判断、衡量一个人的身份和地位，进而决定自己对一个人的态度。在社会上进行交往时，一个人如何着装，将影响到别人对自己的态度、可信度和配合程度。男人的成功很大程度上取决于外在形象。"人不可貌相"放在快节奏的生活情境中往往会发生偏差，以貌取人成为大多数人最直观的取舍一个人的方式。改变自己在他人心目中的形象，从而改变他对你的合作态度，仅仅是因为衣着装扮。不要说你不在乎穿着，因为你现在还不是不是成功人士。不甘于平庸年轻的人们，要想成功，就得抓住一切有利的机会，改变衣着，就是给自己创造机会。

下面再来看看这样一个故事：香港企业家曾宪梓在创业初期，为了使他的领带走出街边货的低档次，他身背领带去一个高档的洋服店推销。服装店老板看他穿着一般，又操一口浓重的客家话，毫不客气地让他离开了。曾宪梓吃了闭门羹，只好打道回府。

回家后，曾宪梓反思了一夜，第二天早上，他穿着笔挺的西服，又来到那家服装店，恭恭敬敬地对老板说："昨天冒犯了您，很对不起，今天能否请您吃早茶？"服装店老板看到这位衣着讲究、说话礼貌的年轻人，顿生好感，由衷佩服并称赞他"将来定有出息！"。从此以后，这家服装店老板和曾宪梓成了好朋友，俩人真诚合作，促进了金利来事业的发展。

陌生人相见，男人的衣着决定你的身价及品质，曾宪梓的领带终于走进了洋服店，得益于他爱思考和总结，第一次被扫地出门，是因为自己衣着太普通，随之地位也普通。第二次前往，考究的衣着让人的印象分大大增加，再加上彬彬有礼，与高贵的洋服装店的品质一脉相承，正对老板的胃口，让他电力十足，成功概率大大增加。

一个人的服饰，跟他的表情一样，会将他的信息在第一时间传播开来，带来强烈的个人色彩。由此看来，如何塑造自我，往往取决于你如何装扮自我，只有将衣服传到位，将话说到家，才能给对方一个良好的第一印象，有时候它就像一张与众不同的名片，总是能在瞬间帮你敲开对方的心门，同时为自己赢得一个展现自我的完美平台。

形象是一个男人仪表、气质、性格、内心世界的综合反映，人们通常是通过你的外在形象去了解你这个人的。因此，三十岁男人要重视对自己形象的包装修饰，这样你才能让自己出彩，在众人当中，通过出色的形象更好的推销自己。

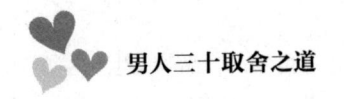

> **取舍之道**
>
> 形象是男人的另一张"名片",胡乱涂鸦的话会给人一种邋遢的感觉,甚至给人一种你并不尊重于他的错觉;相反,如果装潢一番,不但给人一种美观大方的感觉,还让人感觉你非常地重视他。这样就在不经意间对你产生了好感。所以,敢于装扮的男人才更有魅力!

追求高雅,拒绝"随大流"

男人注意培养自己的高雅气质,则更容易取得成功。高雅是长久以来对文化的积累与沉淀,形成自己独有的气质与内涵。而不是书架上放几本名著装潢门面就能显示自己精神上有多富有的,真正的高雅是男人对文化的追求和坚持!

追求高雅是三十岁男人魅力迸发的起点,高雅的男士更有男人魅力也更受人尊敬。然而高雅又不是很容易就具有的气质,它需要长久的熏陶和积累。高雅是一种文化气质。一个真正有文化涵养的男士做起事来会优雅而又果断。而装出来的高雅却会效果相反,惹人笑话。看来,高雅是不能装出来的,无论你的演技有多么精湛,在高雅面前都会黯然失色。然而，男人怎样的追求才算是高雅的呢？

　　男人要注重对文化的追求，让自己的学识品位有所提升。不能因为有人读过《红楼梦》或者《三国演义》就认为他已经是一个文化人，也不能是在家里摆几本名著就认为自己就登入高雅之堂了。其实，这只是急功近利附庸风雅的虚伪表现。男人的高雅里面没有虚伪，只有真诚与自然。大家想想看，世上的高雅人士里又有哪个不是随性而为但有高雅风度尽显的呢？而那些谨慎故作风雅的人却总是被人当作笑柄。总之，男人的高雅是由内而外的。

　　战国时候有一个门客叫周雅，其实此人一点也不优雅。他寄宿在一家官宦府下，自称才高八斗学富五车，也是绝对的风雅之士。刚一开始，因为这家官人求贤若渴，听了他一番陈述，信以为真，就收留他在门下做客。并且许诺给他一个官职做做。这下他欢喜不得了，时常跑出去跟酒肆里的人显摆，最终这件事被人告知这家官人。于是这家官人就给他设了一个套，让他去做几日书吏，记载典故。结果他把东郭先生的故事写成西郭，被人笑话了一顿，并乱棒赶出官宦之家。

　　男人的高雅，表现在爱干净，他们或许有一双干净修长的手和修剪过的指甲，爱干净，保持袖口和领口的整洁。腰间不悬挂物品，比较喜欢用礼貌用语做事不冲动，三思而后行。

　　凤雏是三国刘备阵营的二号人物，智慧仅次诸葛。然而在凤雏来刘备阵营之前的故事却与周雅相似。他也是自诩才华横溢，来刘备阵营想

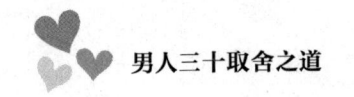

要一个官职。然而刘备却因为他奇丑，觉得并非高雅之士，就没太把他当回事儿。可是凤雏被委任小县令以后，却日断百案，前无古人后无来者，终于引起了刘备的重视，并委以重任。

可见，有没有文化，是不是高雅，实际勘察一下就知道是非了！所以，高雅是装不来的，只有真才实学才能显示出自己的高雅气质。并不会因为外貌而影响。高雅的格调是最真实内涵的，然而如何做到格调高雅呢？

培养男人高雅情趣要做到：

1. 要有乐观的生活态度；
2. 增强好奇心，培养广泛兴趣；
3. 避免盲目从众，杜绝不良嗜好；
4. 丰富文化生活，提高审美能力。

培养男人高雅的情趣要知道：

1. 懂得高雅生活情趣是对生活的热爱、对生活的兴趣和感受。
2. 懂得积极参加集体活动，但是不盲目从众。
3. 理解乐观、幽默的生活态度，是陶冶高雅情趣的条件。
4. 理解丰富文化生活，是陶冶高雅生活情趣的重要途径。

如果你已经把这些要诀练到炉火纯青，那么相信你已经是一位真正的高雅之士，举手投足之间都有一种不可言喻的自信和风度。相信具有了这种内涵，你为人不仅是高雅的，生活也将会越来越高雅！

取舍之道

三十岁的男人应该学会高雅的风度了，通过对知识的渴求和长时间的积累，形成自己一股独有气质，相信在交际圈里都会因为你的气质不同而出众的，然而高雅却不是那么容易做到的，它需要长久的修炼，注重在生活中观察点点滴滴。一旦你修成正果，会让你受用无穷的！请记住，高雅是做出来的，不是装出来的！

时尚的男人才能 Hold 住全场

从美国总统奥巴马身上，我们男人假若拥有了时尚，那将是多么重要的东西。你是否能够成为老板眼中最有潜质的主管，是否会成为被选择的第一人选，时常都取决于他们对你的第一印象。那么，时尚就是你 hold 住全场的利器。

三十岁的男人几乎都已成为社会的中流砥柱，在各个行业发光发热，更有些成为引导这个社会时尚潮流的潮人。三十岁的男人，正是出于这样一种大环境中，如果不懂得时尚搭配，那可就落伍了！三十岁的男人，依旧要时尚，而且还要活出自己的独特风采来！这样的男人才最

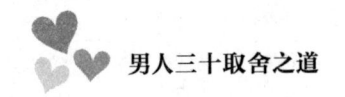

可爱。

　　随着时代的变化，时尚已经渗透到人们的吃穿住行各个领域，渗透到各个年龄层三十岁男人也应该大胆颠覆传统意识，勇敢地追求时尚。

　　一般来说，时尚就是一股与传统较劲的风，让人捉摸不透。前两年街上流行黄头发，就连一些已过不惑之年的电视节目主持人也经不住诱惑，头上的青丝像霜打了一样，黄了那么一撮；中年人不留胡子，年轻人蓄胡须、留大胡子是新潮；中年人穿花格子衬衫、大红羊绒衫，青年人上下一身"玄色衣裳"是扮"酷"；男人留长发、后脑勺扎一把辫子，女孩儿剃平头、光头女歌星、女模特"闪亮登场"；使惯了筷子的手要笨拙地使用刀叉，吃了半辈子的炖牛肉，偏要改口啃半生不熟的得克萨斯牛排，不管胃口能不能消化得了。

　　如果你还认为时尚是女人的专利，那就说明你已经落伍了。

　　许多男人表示不关心时尚，但怎么也不会穿着长袍马褂去上班，那样的话即使在街上逛也需要无比的勇气。时尚不仅是一种氛围，也已成为这个时代一种强大的物质和精神力量。它用无声的语言诱惑着男人们，引导着潮流。我们可以不看时尚类的报纸和杂志，而对"生活"这一最生动、最全面的时尚版本，谁都无法闭目塞听。

　　时尚是一种气势，永远有一种力量。时尚是一点点心思，有时是可爱的小情调。于是，现代男人们离不开的也越来越多：西装、领带、香烟、打火机、美酒、口香糖、剃须刀、牛仔裤、运动鞋，还有手机、信用卡，甚至时尚杂志与足球……作为电视媒体主持人的着装要受到更多限制。因此，小李作为一个法制栏目的主持人，着正装更符合栏目的定位。小李每次上节目都会以正式的长袖衬衫为主，这让在镜头里的他要

第六章 取雅舍俗——品位生活，品味人生

比实际年龄大十岁左右。而在主持夜话聊天节目的那段时间，他的着装就可以相对随意。

在小李看来，主持人的时尚是需要让观众看着舒服的，绝不能一味为了追赶潮流而忽略观众的审美感受。在工作之余，小李喜欢穿一些自由随意的牛仔裤和 T 恤衫。他说："对电视节目主持人来说，认真对待自己的着装是认真对待工作的一个重要部分。男人要在合适的场合穿出自己的品位，穿出与环境相协调的时尚，才是有智慧的职场达人。多花点心思在自己的服饰等细节上面，你的魅力才会彰显出来。"

如今，男人的时尚标签又在悄悄地变化着：名牌轿车、便携式电脑、流利的英语等等，作为时尚的代表，男人都想揽入怀中。

当然，一个不喜欢骏马、宝剑的男人，一个不希望拥有名牌轿车、社会地位的男人，不会是一个有进取心的好男人。但是，如果一个男人只注重修饰，只注重把标签做得更好，而忘记了自己的内涵、修养，那就是"绣花枕头"了。一个真正内功深厚的 30 岁男人，哪怕没有标签，也会因其固有的品性之芬芳雅洁引来仰慕者。

小王是某酒店的营销经理，因为服务行业着装要求要比其他行业更为规范，尤其酒店、宾馆行业需要每天面对客户，着装是作为行业经理人的第一要求和必备素质。小王说，在自己所管理的餐饮酒店中，各个门店经理都需要着正装上班，而白衬衫、深色西裤和深色皮鞋通常是首选。在工作之外，小王会阅读大量时尚读物，这一方面是他的个人兴趣爱好，另一方面也是工作需要。

在紧张忙碌的工作中，小王通常会选择白色半袖衬衫或者白色带条

纹的商务衬衫，他认为浅色衬衫能适合职业男性，而且会让着装看上去严肃、有礼。当然，可以追逐时尚但并不能太超乎寻常，一些装扮怪异的形象也是会惹人笑话的，像网络上盛传的芙蓉姐姐，一直在秀自己的"婀娜"身段，令广大网友实在不敢恭维。也许知道了审美标准，芙蓉姐姐最近又开始整形瘦身。所以，时尚又并不是那么好把握的，适合自己的才是最好的，不能盲目追逐潮流，使自己失去了原有本色。

　　时尚就像七月的天，说变就变，让人无所适从；时尚就像水性杨花的情人，刚才还向你秋波频传，转瞬却又移情别恋。当各种健身器材进入寻常百姓家方兴未艾之时，忽又时兴户外锻炼假日郊游走向大自然；当女人以苗条为时尚时，忽又见报刊上载文苗条有害健康，倡导"丰满美"。有智慧的男人不会随波逐流，他们会专注打造属于自己的时尚。

　　时尚瞬息万变令人瞠目，时尚诱惑人又捉弄人，时尚讨人喜欢又叫人无奈，时尚常以逐新猎奇为特征，结果反而"克隆"出没有个性的一大群人。追逐时尚，迷恋时尚，三十岁的男人也不甘示弱。然而他们并不是对时尚已经理解参透，他们追求的不过是一种品位，一种洒脱，一种感觉。

　　总之，三十岁男人不仅要具有丰富的内涵，还需有时尚外表，这才是一个成熟、成功男人应有的形象。

取舍之道

时代变化日新月异,三十岁的男人仍然应该敢于追逐潮流,装扮自己。根据个人的喜好装扮自己,不仅使自己看上去更有独特的风采,而且还可能就引导了一股潮流。一个男人有钱能装备时髦的外壳,却买不来时尚的感觉。没钱不能显示雍容华贵,但个性化的装扮源自品位,你一样可以神采飞扬,充满现代时尚气息。

男人提升修养才更有气质

想要在三十岁尽显自己的独特气质,不可不提前打下坚实的基础,从内到外的修养自己,相信长此以往,你一定会成为一位举止优雅、谈吐得当的儒雅男士!

男人到了三十岁,就要开始学着用心去经营自己了,它体现在自己的思想与涵养上。自信是一个男人最重要的品质,自信的男人就你像一只在暴风雨中战斗的海鸥。海鸥所要说的只有一句话"让暴风雨来得再猛烈些吧",只因为它无所畏惧。一个自信的男人,总是能够感染别人,无论这些人是朋友还是敌人。要使别人对你有信心,就必须要先对自己

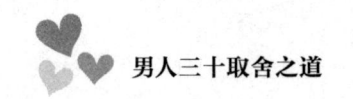

充满信心。自信的男人可以战胜一切困难。

一个有风度的男人就像一片大海，不拒点滴，又包容江河。有风度使男人得到更多的青睐，不争眼前才能够放眼世界，给予别人才能够受益无穷。正所谓"宰相肚里能撑船"，一个心如大海的男人，肚中不知能撑多少船呀！风度翩翩让男人看上去潇洒万千。

明朝年间，山东济阳人董笃行在京城做官。一天，他接到家信，说家里盖房为地基而与邻居发生争吵，希望他能借权望来出面解决此事。董笃行看后马上修书一封，道："千里捎书只为墙，不禁使我笑断肠；你仁我义结近邻，让出两尺又何妨。"家人读后，觉得董笃行有道理，便主动在建房时让出几尺。而邻居见董家如此，也有所感悟，同样效法。结果两家共让出八尺宽的地方，房子盖成后，就有了一条胡同，世称"仁义胡同"。

但凡做成大事的男人，心胸都很开阔，他们不会为小事而斤斤计较，他们凭借自身很高的修养面对困难，并能从容地找到解决办法，让人心服口服。

有个姑娘要开音乐会，在海报上说自己是李斯特的学生。演出前一天，李斯特出现在姑娘面前。姑娘惊恐万状，抽泣着说，冒称是出于生计，并请求宽恕。李斯特要她把演奏的曲子弹给他听，并加以指点，最后爽快地说："大胆地上台演奏，你现在已是我的学生。你可以向剧场经理宣布，晚会最后一个节目，由老师为学生演奏。"李斯特在音乐会

第六章 取雅舍俗——品位生活，品味人生

上弹了最后一曲。

修养很高的男人，定是有实力有爱心的人。李斯特并没有为撒谎的女士生气，反而主动去帮助她。因为李斯特很明白急切想成功的女士多么想自己一个机会，而李斯特慷慨的做到了。

男人到了三十岁，做人做事就需要应用智慧。在与别人交往的过程中，谈吐与修养是最能征服别人的。一个有知识的男人一定是常看书的，一个有智慧的男人一定是常写作的。无论自己多忙，都要抽出时间来看看书，写写文章。因为这样做能够改变一个男人的思想与行为。一个男人要改变自己思想首先要做的就是读一本好书，读一本书就像交了一个好朋友，他能够帮助你走好自己的路。读书的生活是最丰富多彩的，写作的时光是最能启迪智慧的。

喜欢看书和写作的男人，一定能够培养出一个好的心态。因为知识与智慧的海洋是无边无际的，但喜欢看书和写作的男人却能做到执着追求。追求是一个男人的思想，也是一个男人的行动，永不放弃地追求，无时无刻地在激励的男人去战斗。在这种战斗中，使一个男人能够经历风雨的洗礼，成长为一棵参天大树。读书使男人变得的冷静，写作使男人变得成熟。

男人要想提高修养，就要学会沉稳的面对生活。去掉二十几岁时候的浮躁，弄明白什么才是"真心"地去生活。"真"，就是对自己实事求是，不要骗自己，也不要骗别人。"真"，就是诚实做人，诚实做事，诚实的男人最可爱。"善"，自然是善良的意思了。善待别人，就是在善待自己的生活。"善"其实就在我们每一个人的身边，不要为难别人，不

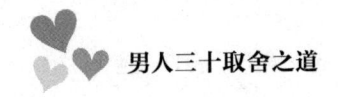

要挖苦别人，不要侮辱别人，就是善良的行为。有时你的一点点善意就能结出一个善果，使你的生活因此而变得幸福。

哲人说，"生活中本不缺少美，缺少的是发现美的眼睛"。是的，生活也的确是如此。不要总在惦记着自己的不幸，这样做只能使你生活得更加不幸。你觉得"不幸"是因为你无法乐观的面对生活，生活总是充满着希望的。只要你常常抬抬头，看看阳光，你就能感受到温暖。在温暖中乐观地去追美好的人生，你自然能够发现美。

春秋战国时代，一位父亲和他的儿子出征打战。父亲已做了将军，儿子还只是马前卒。又一阵号角吹响，战鼓雷鸣了，父亲庄严地托起一个箭囊，其中插着一支箭。父亲郑重对儿子说："这是家袭宝箭，配带身边，力量无穷，但千万不可抽出来。"那是一个极其精美的箭囊，厚牛皮打制，镶着幽幽泛光的铜边儿，再看露出的箭尾。一眼便能认定用上等的孔雀羽毛制作。儿子喜上眉梢，贪婪地推想箭杆、箭头的模样，耳旁仿佛嗖嗖的箭声掠过，敌方的主帅应声折马而毙。果然，配带宝箭的儿子英勇非凡，所向披靡。当鸣金收兵的号角吹响时，儿子再也禁不住得胜的豪气，完全背弃了父亲的叮嘱，强烈的欲望驱赶着他呼一声就拔出宝箭，试图看个究竟。骤然间他惊呆了。一只断箭，箭囊里装着一只折断的箭。"我一直挎着只断箭打仗呢！"儿子吓出了一身冷汗，仿佛顷刻间失去支柱的房子，轰然意志坍塌了。

结果不言自明，儿子惨死于乱军之中。

父亲拣起那柄断箭，沉重地叹道："不提升自己的修养，永远也做不成将军。"

第六章 取雅舍俗——品位生活，品味人生

不提高自己的修养，男人就不会对自己有自信，在战场上也不会发挥最佳实力，其结果是很悲惨的。

男人可从向朋友学习，从而提升自己的品位。加入各种兴趣圈子，学习不同的知识，你会魅力大增。男人多交诤友对一个人的生活、工作都是非常有益的。但真正的诤友也不易结交，因为这种朋友需要你付出极大的真诚，发自内心的真诚。

男人到了三十岁，就要努力改掉自身的不良习惯。不良的习惯是养成的，良好的习惯也是养成。培养自己拥有良好的习惯，就是在改掉自身的不良习惯。如果一个男人到了二十几岁后，身上还有这样那样的不良习惯，那就是一件非常糟糕的事情了。这些不良的习惯会阻碍你人生的发展，生活会因此而失去不少光彩，事业也会因此难以取得更大的成功。

忍耐与宽容让男人更有修养。在社会中常有许多你无法接受的事情，但这些事情你又不得不接受时，这就需要你的忍耐。忍耐别人其实也是在宽容别人，一个能够宽容别人的男人会显得很大度。成功的男人往往也是一个能够忍辱负重的男人。耐得住寂寞的男人从不甘寂寞，男人的忍耐是为了更好的爆发。

不论身处何种境地，男人都要时刻保持你的微笑。笑脸迎人，说明你是一个善良的人，所有的人都愿意与善良的人打交道。不要把苦闷写在你的脸上，这样只会使别人远离你。你是什么样的人，别人通过你是否微笑着与他打招呼来判断。而这种判断对你在人家心中的印象起着很重要的作用。

人们常说"细节决定成败"，而这细节往往就反应在你是不是一个有礼貌的人。有礼貌的人，知道关心别人。别人也会因为你的礼貌与关

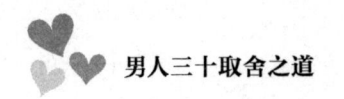

心，而给你走向成功的机会。男人的名片是微笑与礼貌，它是男人成就事业的通行证。

取舍之道

　　三十岁的男人要做好成熟的准备，从内到外的修炼装饰自己，所谓未雨绸缪，改正身上的不良之处，培养高雅的情操，相信这样的男人才能在30岁尽情展现自己的独特风采！

第七章
CHAPTER 7

取变舍守——
摒弃陈旧,树立创富新观念

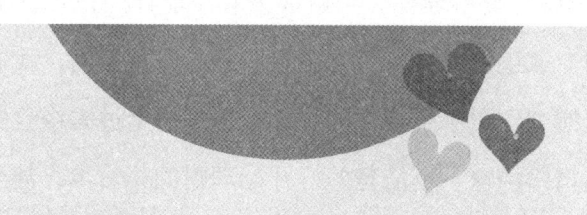

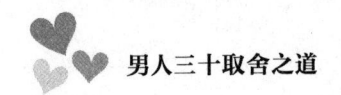

摸清自己的"理财性格"

"你不理财、财不理你"早就成为耳熟能详的口号标语,不论财经媒体、理财专家还是广告宣传,望眼所及,充耳听闻,我们身处在无时无刻不被提醒"理财"重要性的社会,但是由于过去经验的局限,相信许多人仍然懵懵懂懂,不清楚怎样开始理财的第一步,甚至陷在方向错误的泥淖中无法自拔。那么你就需要改变思维,思考了一下怎样开始着手打理你的钱财了!

三十岁的男人,正在坎坷的人生道路上拼搏,可以说是谈钱是禁忌,谈"钱"色变实不为过。可是,您不理财,财不理您,一味回避并不能解决财务问题。虽然您会找理财顾问,但因为您会将大部分的决定都丢给理财顾问,所以最好的方法还是自己去打理自己的财富,使其保值甚或增值。了解自己的理财性格,是做好个人财务规划的第一步。按照现代人的理财性格,有人将现代人的理财性格分为土拨鼠、猴子、波斯猫、鸵鸟及美洲豹五大族群。

有责任心的男人不仅全身心投身于事业,还在乎明智理财。如果一

第七章 取变舍守——摒弃陈旧，树立创富新观念

个人从来都没想过要理财，思想里从来都没有理财的观念，那么财富也将离他越来越远。理财不是一时的冲动，也不是偶尔的心血来潮，必须把理财和生活紧密结合到一起，在生活中注重理财，在理财中注重生活，这才是正确的理财态度。作为一个不甘于现状，勇于折腾的人，要维持一个家庭经济上的要求已越来越高，除了最基本的赡养长辈、抚养孩子、教育、医疗、购车、买房之外，还得为添置家庭用品、全家旅游以及希望退休后仍能拥有潇洒的生活等等支出一定的资金，不管人们处于哪个阶段、哪一种生活要求，都必须要靠金钱来满足。因此，通过理财为将来储备必要的经济能力，是一个勇于折腾的人必修的理财课题。

理财其实就是一种观念。俗话说，"吃不穷，穿不穷，算计不到就受穷。"这种"算计"就是一种理财，只是现在很多人对于理财的理解存在很多误区。

某人每天向上帝祈祷，希望自己能够成为富翁。这一天，上帝竟然真的来到了他的跟前，对他说："小伙子，你怎么天天都在我耳边聒噪，你真的想成为富翁？"

"当然，当然，"年轻人乐坏了，"主啊，请赐予我财富吧。我的要求不高，您能给予我100万美元的财富就好。"

"这个要求当然没问题，100万对我而言只是相当于1美元，而且我只要用1分钟就可以满足你的愿望。"

"那真是太棒了！"

"不过，可能有一个小小的差别——我所用的1分钟，对于你而言就是100年！"

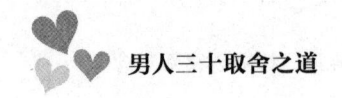

"啊……那么，我是不是等到100岁时，就能够得到这100万呢？"年轻人不死心地问。

"不一定。照目前的趋势发展下去，你恐怕连50岁都活不到！现在，你要么继续去做你百年美梦，要么抓紧每一分钟去创造财富，并且让时间去增值你所创造的财富。也许用不了几十年，你就能获得超过100万的财富了！"

上帝说完后笑着离开了。

在我们的生活中，很多男人也会像寓言中的那个人一样，做着不切实际的发财大梦，等待天上掉馅饼，或者上帝亲自把财富送到自己手上。可是，天下没有免费的午餐，凡事不存在不劳而获的捷径。想要聚敛财富你就不能太懒，首先要付出时间和智慧把理财这件事整明白了，手里的银子才会值钱。

男人更要珍惜时间，理财也一样。打个比方，时间就是我们理财的一个重要因素，把时间规划好了，你的未来才不会盲目。若想取得不错的理财成果，就不能急功近利，要有"放长线，钓大鱼"的心理准备。我们要树立长期投资的观念，同时要具备投资的毅力和耐心。被誉为犹太人的经商圣经《塔木德》中这样写道："爱惜时间吧，时间可以使你的金钱'无中生有'。"折腾的好，先要把理财这件事整明白。

如何利用自己的时间做事情，是你自己的私事，任何人都无权干涉。但是在如今商业至上的时代，男人首先要打理好时间，如果你不愿利用时间进行理财或者投资自己，那无论怎么说，你都是"不合时宜"或者是"不务正业"的。

第七章 取变舍守——摒弃陈旧，树立创富新观念

每个人的性格不同，不同的性格在决定了人类命运的同时也决定了财运。理财风格的不同也决定着家庭的财运。因而分析好每个家庭的理财性格就能找到适合自己的理财思路，从而走上通向财务自由的阳关大道。

小张和小李大学毕业后一同分到了某电脑公司做程序开发员，两人学历一样，收入相同，但两个人的理财观念却大相径庭。小张的理财思路比较灵活，前些年股市红火，小李利用懂电脑的优势，购买了分析软件，天天K线D线的研究，并把平常积攒的3万元钱全部投入了股市。一年多下来，他的股票市值就升到了6万元。后来，他见股指涨幅太大，各种技术数据也显示风险的降临，便果断平仓。这时，单位附近正好开发了一条商业街，由于当时股市红火，所以购房者寥寥无几，最后房产商不得不将现房降价销售，小张便用这6万元买了一套沿街商业房。三年时间下来，他的沿街房已经升值到了30万元。后来，他见当地房产价格已经见顶，立即将房产出手，把30万元全部买成了珍贵古董，结果一年多的时间又实现了20%的盈利，30万元成了36万元。前段时间他买了一套带阁楼的房子和一辆飞度轿车，并娶了单位里最漂亮的MM，小日子过得让人羡慕不已。

而小李在理财上则十分保守，刚毕业那两年他的积蓄和小张不相上下。但为了稳妥起见，他一直把积蓄存入银行，满足于每年坐收利息。可他没有考虑货币的贬值因素，如今银行定期1年期储蓄的年利率为2.25%，扣除20%利息税，实际存款利率只有1.8%，如果以年均CPI（全国居民消费价格总水平指数）为4%计算，1年期存款的实际利率为

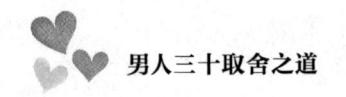

1.8%−4%=−2.2%，也就是说小李的积蓄在不断"负增长"。所以直到现在，小李在单位仍然属于"穷人"，别说买私车洋房，买辆自行车还得考虑半天呢！负利率这张"看不见的手"让不善理财者尽尝通胀带来的苦果，辛辛苦苦积攒的家财不但没有增值反而贬了值。而善于理财者，它则让他们尽享负利率带来的"房产升值"等理财果实，从而使自己的钱像滚雪球一样实现快速增值。

如果"穷人"不改变理财思路，继续保守理财的话，那还是会应验马太福音中的那句经典之言：让贫者越贫，富者越富吧！

如果你不善投资，那要养成习惯，要学会存钱，要知道自己每天花了多少钱，要知道每个月家里的财产数额，家里的钱花在哪些方面。每天只要15分钟就可以，就可以把自己一天花的钱记下来了，抽时间理财，财富就会理你。

也许会有人认为会理财不如会挣钱，多数人都抱有这种想法。觉得自己收入不错，不会理财也无所谓。其实不然，要知道理财能力跟挣钱能力往往是相辅相成的，一个有着高收入的人应该有更好的理财方法来打理自己的财产。作为三十岁的男人，处理好理财的关系，我们会收获很多。

取舍之道

生活中的每个人都有自己的脾气，然而在理财方面每个男

> 人也有不为人知的理财性格，如鸵鸟版的埋头不"理"财，美洲豹般的志在必得，想拥有所有。了解自己的理财性格，不仅可以避免自己的理财误区，还可以使自己优势性格得以发挥，在将来的理财道路上越走越顺！

生活理财要守中有变

　　仅仅靠守着一份固定不变的薪水过日子已经不符合时代潮流，也难很形势的发展，应对未来很可能不知不觉就沦落为社会底层的新贫阶级。所以，你现在应该设法开始积极储蓄，学会投资理财的一些方法，学会掌管钱财的大事、小事，让死薪水变活才能活得更潇洒自然！

　　有句老话叫"坐吃山空"，手中的钱财也是如此，在如今物价飞速上涨的社会中，仅靠着一份固定不变的工资过日子势必会有捉襟见肘的困境！怎样使自己手中的财富保值并且使其增值是当下30岁男人的必修课。首先，男人在理财的时候应该避免几大误区：误区一，理财是有钱人的事。错！工薪家庭更需要理财，与有钱人相比，他们面临更大的教育、养老、医疗、购房等现实压力，更需要理财增长财富。

　　误区二，有了理财就不用保险。错！保险的主要功能是保障，对于

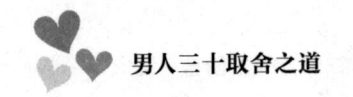

家庭而言，没有保险的理财规划是无本之木。

误区三，投资操作"短、平、快"。错！不要以为短线频繁操作一定挣钱多。

误区四，盲目跟风，冲动购买。错！在最热门的时候进入，往往是最高价的投资，要理性投资，独立思考，货比三家。

误区五，过度集中投资和过度分散投资。错！此外，有人提出了聪明理财五大定律，可以使男人在守财求变的时候给予指导性作用：4321定律：家庭资产合理配置比例是家庭收入的40%用于供房及其他方面投资，30%用于家庭生活开支，20%用于银行存款以备应急之需，10%用于保险。

72定律：不拿回利息利滚利存款，本金增值一倍所需要的时间等于72除以年收益率。比如，如果在银行存10万元，年利率是2%，每年利滚利，多少年能变20万元？答案是36年。

80定律：股票占总资产的合理比重等于80减去年龄的得数添上一个百分号（%）。比如，30岁时股票可占总资产50%，50岁时则占30%为宜。

家庭保险双十定律：家庭保险设定的恰当额度应为家庭年收入的10倍，保费支出的恰当比重应为家庭年收入的10%。

房贷三一定律：每月房贷金额以不超过家庭当月总收入三分之一为宜。相信有了以上五大定律作为明鉴，30岁的你在理财的时候方向感更加明确。此外生活理财还应分成几个时间阶段来分别管理：单身期2—5年，参加工作至结婚，收入较低花销大，这时期的理财重点不在获利而在积累经验。理财建议：60%风险大、长期回报较高的股票、股票型

第七章 取变舍守——摒弃陈旧，树立创富新观念

基金或外汇、期货等金融品种，30%定期储蓄、债券或债券型基金等较安全的投资工具，10%活期储蓄以备不时之需；

家庭形成期1—5年，结婚生子，经济收入增加生活稳定，重点合理安排家庭建设支出。理财建议：50%股票或成长型基金，35%债券、保险，15%活期储蓄，保险可选缴费少的定期险、意外险、健康险；

子女教育期20年，孩子教育、生活费用猛增。理财建议：40%股票或成长型基金，但需更多规避风险，40%存款或国债用于教育费用，10%保险，10%家庭紧急备用金；

家庭成熟期15年，子女工作至本人退休，人生、收入高峰期，适合积累，重点可扩大投资。理财建议：50%股票或股票类基金，40%定期储蓄、债券及保险，10%家庭紧急备用金。接近退休时用于风险投资的比例应减少，保险偏重养老、健康、重大疾病险，制订合适的养老计划。按照这些合理的投资理财办法，只要坚持不懈，过几年甚至很多年，你也会成为富翁的，这可绝不是耸人听闻的观念！

理财就应该善于变化，不能茫然地随意花取。如果不提前做好理财规划，仅仅依靠微薄的工资吃花，将来一定会出现拆东墙补西墙的尴尬；如果提前做好理财规划，让自己的钱财活跃起来，那么你已经为日后的幸福生活埋下坚实的基石！

取舍之道

千万不要小看了生活方面细小的理财，所谓积少成多，它

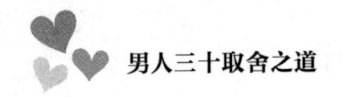

> 可以使你下半生积累大量的财富。相反，如果不懂得财富管理，只是一成不变地依靠微薄的工资聊以度日，相信日子一定是越来越苦，而且还找不到出路。当然，有了好的理财规划，守中求变，相信将来的日子一定是无忧无虑的！

做一个多面手的理财"主夫"

当你有很多闲钱和财产的时候，不妨分成几部分来"以钱生钱"，可以储蓄，可以投资，可以买卖，也可以运用买股票等方式让手中的财产像滚雪球一样越来越大。过于单一的投资方式有一定风险，而通过多种途径使自己的钱财增多起来，不仅可以使风险损害最小化，还可以使个人所得最大化，所以，三十岁的投资应该多元化，做一个"多面手"的投资者会让你受益终生！

何谓多面手？原意是指并非先天具备，通过后天获取擅长多种知识、技艺或技能的人。而在金融投资行业则是指通过储蓄、债券、股票、基金、房地产、信托、黄金、外汇、古董、字画、保险、彩票、基金、钱币、邮票、珠宝等多种投资方式使自己的钱财分散化，从而使自己的损耗最小，受益最大。作为家庭的掌柜，30岁的你必须学会通过多种

第七章 取变舍守——摒弃陈旧，树立创富新观念

方式管理家中财产分配，使其多元化，以达到"盘活资产，保值增值"的目的。这样你才算一名合格的家庭理财"主夫"！

富翁到底是怎样炼成的呢？这是很多人关心的问题。在调查的99000人当中，通过继承财产拥有600万以上资产的人仅仅占14%。48%的人是因为事业有成，17%的人是因为高收入，余下的21%的人是用其他方法成为富翁。即使未继承一大笔财产也能成为富翁的事实，给人们带来了无限希望。大多数白手起家的人认为自己之所以能够成为富翁，是由于脚踏实地、尽心尽力工作，认认真真储蓄。渐渐地事业有成，也开始有了投资的机会。在这个过程中，他们投入了多少心血和精力是不言而喻的。

很多男人都想通过闯荡蜕变成为富翁，但千里之行始于足下，男人应该脚踏实地的认真给自己做储蓄。但这并不等于说要经常饿着肚子不吃饭，或取消一家人每个月仅有的一两次下馆子活动，做个守财奴自己虐待自己。世上没有任何一条法律规定每个人都必须要积攒600万以上，因此，我们完全可以在保证一定生活质量的前提下充分储蓄。这里的"充分储蓄"是指根据每个人自身的条件，最大限度地储蓄。人与人是有差别的，有的人能够存下收入的50%，而有的人只能存下收入的5%，总之，你剩下的越多，你真正拥有的财富就越多。

在一家电视台工作的小张，因为平时工作时间比较机动，从2005年开始就在网上开店，目前月收入已经过万。他表示，"我现在在做外国的代购，不影响平时工作，每月从网店赚的钱比我的工资高出几倍。"小张表示，创业是件好玩的事情，不辞职有稳定收入，进行创业的压力

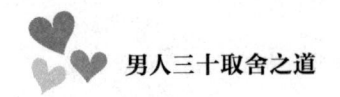

小很多。

生意越做越好的小张，目前已经请了2位在校学生做客服，每月还给他们开2000元左右的工资，"我现在差不多是小老板了"。他提醒其他开始创业的朋友，网络创业的前期可能只赚人气不赚钱，后期随着客源的稳定、风格确定，才能真正实现赚钱的目的。

上述案例告诉我们，赚钱不是人们表面的风光，而还在于最终的成果留给自己有多少。折腾要有规划，知道我们前期做什么，后期又能做什么，将会对我们的积累财富有所帮助。

要想折腾成功，我们就应尽早学会投资理财，早理财早受益。尤其是年轻人学会理财不仅可以合理安排自己的收入，更大的意义在于通过利用科学投资理财方式增加收入。我们处在房价居高、物价持续上涨的环境下，年轻人单靠工资供房比较困难，学会正确的投资理财是年轻人开源节流的最佳方式，是工资以外收入的有力补充。

"富不过三代，穷不过三代"，之所以会有这种说法，是因为那些富人享受着上一代积攒下来的财富，却又不懂理财，于是坐吃山空，再多的财富总有一天会花光；会折腾的人，不会很在意自己表面的财富，而真正在乎自己到底剩下了多少。而对于那些穷人，因为穷，所以精打细算，让每一分钱都发挥功效，甚至让每一分钱都能赚钱，如此一代代积累，终有一天会摘掉贫穷的帽子。选择折腾，就要努力规避这一怪圈。

会理财的男人人都会细心地关心钱的支出，仅仅凭这一点，也会有助于你增加存款。刚开始可能会有一点困难，但只要稍微再努力一点，

第七章 取变舍守——摒弃陈旧，树立创富新观念

就能养成每月定额消费的习惯。假如你能一直保持这种习惯，你就会积攒更多的钱。人们常常认为，只有赚很多钱的人才有可能成为富翁。实际上，如果没有养成存钱的习惯，就算赚再多的钱，你的积蓄很少，也不算是成功的。

所以，作为一种健康的家庭理财观念，必须合理地安排自己的财富投资，不可以把鸡蛋同时放在一个篮子里。风险与收益是相等的，风险越大收益越大，如果你想多收益，就必须考虑风险也会变大。所谓"知己知彼百战百胜"，有了对理财的全面了解，相信你会更容易成为一名合格的家庭理财"主夫"！

取舍之道

30岁的男人是家中的理财掌柜，钱财需要自己来合理分配，才能给这个家庭带来更多的物质保证，这也是整个家庭的幸福基础。但是，投资是一件有风险的事，风险越大收益也最大，在利益诱惑面前，你切记不可把钱财全部投资在一个方面。这样很容易在有风险的时候出现"一篮子鸡蛋全碎掉"的情况，财产是你的金蛋，切记不可全放在一个篮子里。"多面手"的家庭"主夫"才是最优秀的家庭理财师！

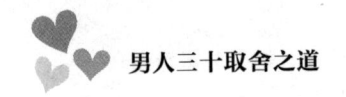

网上理财，理出自己的精彩

男人借助于新生事物为自己的财富保值增值，不得不说是个明智的做法。借助网络，无论是个人理财还是为企业管理资金，都可摆脱银行柜台的制约，即使不在银行的工作时间之内，也能在家里或单位，足不出户享受理财的乐趣。三十岁的你应用网络理财，做时尚达人，理出个人精彩！

"网上买理财产品优势多，不仅起点低，并且收益也比柜台要高，你如果还保持着去银行买理财产品的习惯就已经落伍了。"自誉为"理财达人"的小李在自己的微博里写道。最近多家商业银行纷纷推出网上理财产品，受到不少"80后"年轻人的追捧。据小李介绍，现在除了银行理财产品外，还可以通过网络买基金和保险。"又方便又实惠，何乐而不为呢？"

有权威人士说，传统银行发展的一个必然趋势就是网上银行。而很多人不知道，外资银行的柜台现金业务量很少，主要交易是通过网络、电话和ATM机来完成，而国内的大银行也大都开展了网上银行业务。

男人的投资思路不会受到局限，他们还可能去选择基金，做一名"基金客"。那么，网银是最好的选择之一。储户可以通过网银开户、购买、赎回，免去了到银行排队之苦。如果有心炒汇，储户可以通过网银，在家轻松炒汇、炒金。如果青睐国债，又看中了"记账式国债"的

第七章 取变舍守——摒弃陈旧，树立创富新观念

安全与流动兼顾，储户一定会爱上网银的债券业务。如果喜欢基金，网银的基金代理绝对是最好的选择，不仅免去了银行排队之苦，有时还可以享受费率的优惠。如果保险意识更强，储户还可以通过网银购买保险。

快捷的理财方式还不止这些，一些银行还把个人理财业务集中到了网上银行，工行网银在国内同业中率先推出专业理财频道——网上理财。这个频道整合了工行推出的各类理财产品，并新增了市场信息和理财资讯，形成一个集理财产品、市场信息、理财资讯于一体的综合性理财服务频道。

网上理财是一种新兴方式，正所谓"凡事有利必有弊"，懂得一些网上理财技巧，才能让你真正成为一名网络理财达人！

一、用好优质网站

现如今，我国不仅有为数众多的综合类网站和财经信息网站，还有不少面向个人或家庭，提供理财信息、投资建议和技术分析的理财网站，投资者应学会择优去劣，合理运用。

假如你是"单项"理财，就可以关注那些"专攻"某个领域的理财网站。如名为"理财者"的股票投资分析网站，就是为"热衷"炒股者而备，该网站提供 7×24 小时全球股市报价和机构研报精华，帮助股民及时掌握主力动向。又如专为炒汇者服务的"理财18"，该网站免费提供外汇美指行情数据，请国际外汇专家预测外汇走势，并向投资者提供外汇交易进阶培训。再如，现在参与炒金的投资者不断增多，但炒金需要对国内外财经动态和国际金价走势有敏锐洞察力，而一般人没多少时间去研究。由此，投资者平时不妨到"中国黄金投资网"等专业网站查

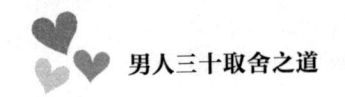

看金价行情，阅读专家评论，并可通过模拟操作进行"演练"，从而积累自己的理财经验。

假如你想尝试综合性理财，建议你去关注那些涉猎广泛的专业理财网站，如"财智网"、"金库网"、"理财中国"、"智汇财富网"等，这些网站大多将消费、投资、储蓄、贷款、证券、保险、银行、债券相融合，帮助个人管理资产，并进行收益核算及统计分析，有效节省投资者管理的成本和时间。

当然，要在"茫茫网海"中寻到适合自己的理财网站并非易事。投资者可以利用GOOGLE、百度、雅虎中国等搜索引擎，寻找理财的优质网站，或在搜索引擎上输入人民币理财、外汇理财、基金、信托等理财术语，就能方便地都找到有用的资讯。偷懒一点的话，不妨将经常使用的网站收入浏览器的"收藏夹"中，日后再用就省去不少麻烦。

二、用好理财工具

刘彦斌的著名的理财专家，他说："毛主席都记账，即使你再忙，也要养成记账的好习惯。"确实是这样，不管你是否有钱，个人理财最基本的"功课"就是要编制一本账本。不过，诸如存贷款利息等账本项目，对普通人来说较难厘清，此时，不妨利用网上理财工具来进行相关"作业"。

理财工具不好找，没关系，最基本的"工具"，当然还是来自商业银行。比如说，由于目前多数商业房贷及公积金贷款都是由中国建设银行（601939，股吧）提供，因此，该行网站上包含个人贷款计算器、个人存款计算器等在内的"理财工具箱"就非常专业。此外，一些财经网

第七章 取变舍守——摒弃陈旧，树立创富新观念

站也向大众提供"理财工具箱"、"房贷计算器"等软件，帮助人们解决一般的"算账"难题。如"中华会计网校"网站，设有组合贷款计算器、教育储蓄利息计算器、公积金计算器等理财工具，包括提前支取与存单抵押贷款比较、算算购房的"零碎钱"、部分提前与全额提前支取定期存款比较、商业住房贷款和住房公积金贷款比较等问题，都能加以解决。

只要留意，很多网站都有记账功能，比如一些比较出名的社区网站，也有较实用的记账工具。如某些社区就有记账功能，包括"我要记账"、"我的账本"和"好友的账本"等设置，可以让会员交流各自的记账生活。又如以"免费在线记账工具"为主题的"钱包网"，同样让人们拥有属于自己的账本，记录日常开支，还可学习记账"达人"管理大宗支出和收入账目的经验。

希望有了对网络理财这一新兴理财方式的深刻了解，你一定会尽快成为一位网上理财达人，理出自己的风采，理出自己的未来！

取舍之道

作为一个三十岁的青年，以后的路还很长。理财让你更好地规划好自己的未来。三十岁的你更应该与时俱进，在理财方面不能过于守旧，网上理财是一种新兴理财方式，它便捷、多利，是当下人们热捧的理财方式，相信有了它，你的理财方式会更灵活多变，生活也更精彩！

男人三十取舍之道

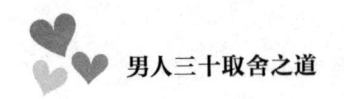

走出中国式的理财误区

男人理财更要有理性，中国传统的理财方式就是储蓄，方式较为保守，但现如今聪明的人们发现，储蓄并不能真正为自己带来大财富，只有灵活多样的理财才会让自己的财富增值。诚然，很多人都已懂得投资理财的重要性，但是由于传统观念的影响，很多人的投资方式并不科学可靠，三十岁的你正在为生活苦苦奋斗，所挣的薪酬也是有限的，如果没有正确的指引，走进投资误区，不仅会让自己血本无归，还可能从此让你失去信心，真正成为一个穷汉！走出中国式的理财误区，可以让你在投资理财的道路上走得更安全！

有句俗语说得好，你不理财，财不理你。在后金融危机时代，投资和理财已经成为日常生活中的重要课题之一。但投资不等于赌博，理财不等于储蓄，冲动和盲目都是大忌！男人在制定自己的理财计划的同时，首先要树立正确的投资和理财观念。

误区一：投资 = 理财

一说起投资，"买股票，买基金、买房子"已成为当今社会对投资的普遍印象。投资固然是理财，但理财的内涵又绝不仅限于"投资"这一个领域。真正成熟的理财是利用各种理财工具达成人生目标，这些目标包括购车、购房、出国、孩子教育、养老、身后财产安排等。因此，投资并不是最终目的，它只是理财中使用的手段和经历的过程。

对于大多数的平凡人来说，需要通过积极的理财投资，让自身的储蓄获得更高的保值增值效果，确保即使是在丧失收入能力后，仍然能够保持较高的生活水平。同时，理财也意味着，要学会合理地分配财富，从而提前达成各种生活的目标，保障一生中优越的生活。

误区二：盲目迷信专家

投资和理财，绝对是一场场"智力大考验"，除了要和真假难辨的各种消息"搏斗"之外，还要能有拒绝专家"甜蜜诱惑"的定力。无论是股市、房市还是基金外汇，如果要投资，一定要自己有所接触，对于基本常识要有概念，对于坊间的各种投资建议，尤其是各种网络、报刊和电视上专家的高谈阔论，更要有甄别能力。

理财专家由于可潜心研究各类理财市场，而且拥有较多的资源和工具，专业知识更为丰富，但对一般人而言，在购买保险和基金的时候，需要选择适合自己的专家建议，同时要对专家意见进行分析。尤其是要让专家解释清楚，他给你提供的投资建议，是否考虑到了你的具体情况，在什么样的条件下有效，尤其是什么地方有风险，什么情况下会有损失等等。所谓知己知彼百战不殆。最好能够多问几个不同的专家，让不同的意见能够交锋，你也就能够慢慢分辨，哪种意见最合适自己了。

当然，不盲目相信专家也并不等于走向另一个极端，觉得专家都是骗钱的。这样完全是天马行空的投资，可能三两下就折戟沉沙了。吸取专家提供的基础信息和行业信息，理解其分析的逻辑，再从中找到最适合自己资金和风格的投资方案，才是上策。

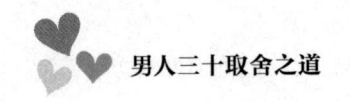

误区三：期望太高想一夜暴富

理财包括投资回报的预想期望值，必须理性，必须是建立在现实的基础上，那些所谓"股神"、"暴富"的传奇故事千万不能轻信，更不能用在自己的理财投资目标上，把每年的收益定得太高。理财需要的是节制的生活态度，制定合理的目标，制定正确的理财策略。

现代人进行投资理财，其目的应该是三个层次。第一层是战胜通货膨胀；第二层是能够获得资产性收入，能够让自己的资本所得超越日常的工资收入；第三层，才是跻身高手行列，做专业投资者，能够在各种投资市场之中冲浪博弈，承担风险，获得超额收益。因此，理财还要量力而为。不少人看到身边的人投资致富，心生羡慕，但因为投资本金不够，为了赚取更大的收益，开始举债投资，但一旦对市场判断不准，就会导致巨额亏损，事与愿违。

误区四：盲目相信陌生产品

理财的本质在于请一流的公司、一流的财务专家和一流的CEO为你打工。所以，选择那些你熟悉的、和大众关系密切的公司的产品和股票比较靠谱。

除了金融产品之外，还有一样投资者很难定价、很难把握价值的投资产品，那就是古董字画。就像不熟悉的金融产品不要购买一样，要在这些产品上投资得益，获得丰厚回报，更是一件难度颇高、需要专业造诣的事。据保守估计，文物造假行业的从业人员已达数万人之多。面对这些越来越出神入化的赝品，即使是行内人，"打眼"也是常事，因此大众投资者最好是敬而远之。

第七章 取变舍守——摒弃陈旧，树立创富新观念

要给自己的资金找到很好的出路，才能让自己的财产增值保值，请看下面一则积极转换思路，善于理财的故事。

在某民企工作的小尹，而立之间还是剩男一名。但小尹认为好房子找找还会有，好媳妇是可遇不可求，就算以后嫁不出去，至少还能有属于自己的小窝。于是，在近期楼市趋冷之时，小尹咬咬牙，向父母借了一笔钱后，光荣加入了房奴大军，在相对繁华的地段购买了一套东南向一房一厅，面积不到50平方米，总价大约85万元。然而，每个月4000多元的月供，对小尹来说也是不小的压力。

于是，小尹决定仍住在现在的出租屋里，将单位的那套小单位出租。他现在和朋友合租的房改房，每个月只需500元租金，在买了新房的第三天，他就把这套小单位租了出去，租金一个月2100元。这样一来，他每月能获得1600元租金补贴月供，压力减轻不少。

理财误区不可不防，但理财思路必须的转变，找到财富的突破口，我们才会不受穷。

同样的道理，那些远在千里之外的度假酒店和海景房，那些听说下个月就要涨的外汇、那些"马上就要上市"的公司私募……如果你真的了解底细，不妨玩上一把；但如果哪怕只有一点儿不放心，你也别冒这个险——还是那句话，从自己熟悉的产品下手吧！

总而言之，投资是一件风险与收益兼在的事情，有时风险越大，收益也最大；但有时却并非如此，很可能冒着极大的风险最后却血本无归。三十岁的男人应该深刻了解投资理财的优劣，随机应变才是上上策！中

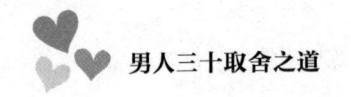

国式的误区很明显，但是却常被人忽视，原因就在盲目的跟风作用，作为三十岁的男人，应该有自己的理性思考，在对待理财投资的时候，冷静地处理，才能安全走出中国式理财误区！

取舍之道

三十岁是男人的黄金阶段，也是你挣取金币的最佳阶段，然而中国的经济在改革开放后呈现新兴之势，近几年更是呈暴增之势，很多人跟风炒股，然而是几家欢喜几家忧，原因何在？那是因为有些男人懂得把握机会，懂得随机应变，及时从误区中走出来，最后不仅保本，还使自己挣得了更多金币！相信你了解了中国式投资的几大误区后，在未来的投资理财之一定会走得越来越顺！

第八章 CHAPTER 8

取健舍病——
保持健康体魄,达到身心完美

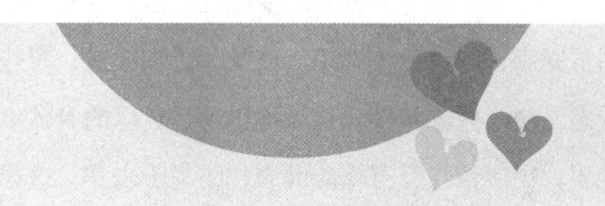

男人三十取舍之道

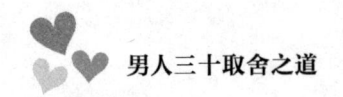

三十岁，男人健康的分水岭

男人到了三十岁，自身的健康就要越过一道分水岭，有些人在这个时候更加注重健康，加强身体锻炼，使身体更加健康；有些人则一直处于亚健康状态，使一些老年疾病过早地出现在自己的身体上。所以，男人到了三十岁，更应该注意身体的健康，防患于未然，这样才不会在将来让疾病缠身！

研究显示，男人从三十岁开始身体机能及健康状况便开始滑坡。有些男士忙于工作并不看重自己的身体健康，结果一味透支健康，导致过早地出现了各种病症。健康是男人奋斗本钱，没了健康，再谈一切都是枉然。虽然三十岁是男人健康的一道分水岭，但是只要加以注意和锻炼，三十岁的男人照样可以活出健康潇洒的人生！

男人在外面奔波实属不易，他们在事业上承受的压力比女人大很多。而从古到今，社会又赋予男人更多的要求和责任：三十而立，也即要求已经三十岁的男人既要成家又立业，不然就会被认为是一个"弱者"，在如今观念比较开明，认识更为宽容的环境下，三十未立的男人

第八章 取健舍病——保持健康体魄，达到身心完美

或多或少的遭受一些质疑、谴责、嘲讽的眼神。男人三十是一个标签，是男人稳重成熟的展示；三十同时也是一个期限，是外界认为男人必须成家立业的时间点；三十岁同时也是一个巅峰，男人各项生理指标越过这个巅峰后开始下滑，健康状况被人们重视。实际上，三十岁的男人，其健康本来可以保持稳定，但社会带给现代的男人压力太大，不知道适度放松的人，反而加快了其健康的下滑之势！

张利军今年刚满30岁，是一家IT企业的职员，比起其他同龄人，他有着名牌大学的教育背景，同时还拥有令人艳美的高收入职业。可张利军却说，他的身体状况同样也不乐观，由于每天从早到晚盯着电脑，他的视力出现了太多的问题：先是眼干燥症，又是沙眼、慢性结膜炎，眼镜度数眼看着往上涨，真让他有点心惊肉跳，不知这样下去40岁以后会是什么样子。医生建议他暂时不要接触电脑，可这根本不可能，连请半个月假都不现实，公司里人才太多，压力很大，适者生存，除非他辞职，否则只能这样忍受下去。而且，更让他烦恼的还有脱发，刚工作那会儿，一头黑发尽显青春风采，可如今头顶的头发每天大把脱落，现在已经能看到头皮了，这让30岁的他看上去过于成熟。再旁顾左右其他人，大都是似病非病的，典型的亚健康状态。

心理专家认为，心理压力增大是引起男性健康问题的重要因素，其中，抑郁症和焦虑症最为突出。抑郁症主要表现为情绪的持久低落，兴趣的丧失，思维迟钝，意志行为减少，严重者会自杀。虽然，抑郁症在女性中的患病率为男性的两倍，但近几年来，一些男性白领，甚至高层

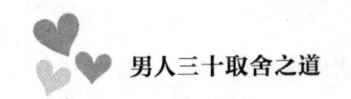

主管的自杀就是与抑郁症和焦虑症有关，这应引起关注。

特别是人们常常把抑郁症看作是性格的弱点、意志薄弱的表现，这种旧观念妨碍了一些男子及时就医，导致严重后果。现代社会竞争激烈残酷，白领阶层男性的工作压力越来越大。男科专家曹开镛教授日前说，心理负担过重，已成为"白领"男性多发性障碍的诱因。

过度劳累引发的心理疲劳，正成为现代社会和现代人的"隐形杀手"，如果得不到很好的疏导化解，会造成心理障碍甚至心理危机，进而引发消化性溃疡、性功能障碍等多种心身疾病。医生在临床诊治中，发现有不少因工作压力转变成性压抑的病例。

王晓东今年30岁，是一家著名会计师事务所的会计师。在谈到健康的问题时，他说，可能是长期缺乏运动的原因，他认为自己的身体并不强壮。虽然平时工作时精力还算充沛，可是每到一下班回家，连挤公共汽车的力气都没了，有时实在累得不行了，不得不"打的"回家。尽管自己也算是个公司白领，工资不低，但结了婚的男人能节省还是要节省一些，毕竟要养活老婆孩子嘛。北京下班时间车堵得厉害，回家的出租费起码得四、五十元，老婆又是个很过日子的人，她知道后肯定要嘟囔几句。不过，他要是实在太累了，也就不管那么多了。王晓东说，他每天回到家都感到极度疲劳，估计可能跟白天工作强度太大有关。平时他经常要到一些企业单位查账，他深知自己的会计报告对这些企业有多么重要，所以必须慎之又慎，可能是大脑太紧张了，一放松下来就会觉得特别疲劳，精力常常感到难以恢复。

第八章 取健舍病——保持健康体魄，达到身心完美

男人关注自己的健康，就是关注自己的生命，也是关注全家的幸福。家人都不希望因为你的透支工作而折损身体，你的健康"信号灯"频闪，将为家人带来灾难。

因此，建议三十岁男人每年至少做1次全身体检，包括血压、化验胆固醇、甲状腺激素、血糖、肝功能，每半年到1年做1次牙科检查。这一年龄段的男性还应该着手预防肾脏疾病，每天喝8到10杯水。三十岁后，男人的小腹很容易凸起，进行体育活动不能三天打鱼，两天晒网。另外，要多补钙，多吃乳制品、豆制品等。同时，三十岁的已婚男性如果还没有要孩子的话，最好趁早。

从三十岁开始，男性的肺功能也开始下降，如果能每天做几次深呼吸，坚持下去，到了七十岁，肺活量下降就不是通常的60%～70%，是仅仅20%左右，而如果到了七十岁再做深呼吸，是怎么也挽救不回已失去的肺功能的。

也许您不相信，从三十岁开始，听力也开始下降，因为现代人受噪声的损害太大了。平时要注意听音乐、看电视时不要将音量开得太大，在噪声比较大的岗位上工作一定要戴上耳塞。有人以为听力下降是正常的，其实不然，有的人九十岁还听力正常。

如今，脱发正呈现出年轻化的趋势。一项对万余名男性的调查显示，有60%的男性脱发者早在二十五岁之前就出现脱发现象，而在三十岁以前出现脱发的比例也很高。

三十岁的男人如果不按时、定量进餐，可能使肠胃受损而影响情绪与睡眠。当劳累与紧张时，很可能出现头晕气短、精神涣散的现象，身体较弱者尤其如此。所以，在饮食中应有意识地多吃些富含蛋白质的食

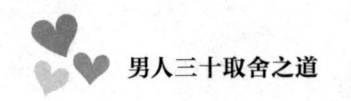

物，如牛奶、鸡蛋等，并注意均衡摄取多种营养素，这样才可使体内营养充足而精力充沛。

疲劳是身体需要恢复体力和精力的正常反应，同时，也是人们所具有的一种自动控制信号和警告。如果不按警告立即采取措施，很可能会造成人体积劳成疾，百病缠身。

对于三十岁的男人来说，锻炼好自己的体魄尤为重要，这可是今后继续革命的本钱。男人锻炼可安排星期一、三、五隔天1次，每次进行5～30分钟的心血管系统锻炼（慢跑或游泳），强度不要像二十岁时那样大。20分钟增强体力的锻炼，与二十岁时相比，试举的重量要轻一些，但做的次数可多一些。5～10分钟的伸展运动，重点是锻炼背部和腿部肌肉。久坐办公室的人更要注意伸展运动。方法是：仰卧，尽量将两膝提拉到胸部，坚持30秒钟；仰卧，两腿分别上举，尽量举高，保持30秒钟。

三十岁的男人应该提前做好翻越健康"分水岭"的准备，多做运动，防止健康误区，这样才能成功翻越三十这道健康的分水岭，使身体永葆生机！

取舍之道

在大都市忙碌的生活中，很多30岁的男人正在忙于创业奋斗，可以说是拿明天的健康来换今天的财富，但是身体是革命的本钱，别等到未老先衰那一天才认识到健康的重要性，提前为身体健康打基础，多做运动，合理饮食，这样才能顺利翻越三十岁这道健康的分水岭！

第八章 取健舍病——保持健康体魄，达到身心完美

生活有规律，才会有美丽的生命律动

　　三十岁正是男人事业的奋斗期，但随着紧张的生活节奏，三十岁男人的生活也越来越不规律，早出晚归，没完没了的应酬，无法获得真正的放松和安宁，而他们的健康也在不知不觉中受到了损害。

　　生活中，一些忙碌的男人常常忙得不能按时吃一餐可口的饭菜，也从来没有注意要有高质量的睡眠或休息。等到他们的身体、精神开始衰退，出现了大的损伤，才感到惊讶：自己的胃口怎么不好了？年纪轻轻怎么就衰老得这么没有用了？他们却不懂得：使自己吃这些苦、受这些麻烦的，正是自己贪多求快的欲望以及急功近利的好胜心。有两种生活方式供你选择：一种是过乱七八糟、毫无规律的日子，你拼命地要求自己，夜以继日地埋头工作，你剥夺了自己所应有的休息时间，即使因此而病倒或折寿10年8年也在所不惜；另一种则是过有规律的健康生活，使自己有更好的身体，活得也更长寿。

　　德国大哲学家康德，在这个世界上走过了八十多个年头。他一生致力于哲学问题的研究和思考，终生未娶，也绝少旅行，更没有所谓的社交，他的生活就像苦行僧一样。他每天走出朴实无华的书房，徒步到大学，几十年如一日，生活极其规律毫不变。而他对时间的控制，分秒不差，人们甚至以他为定时器。他每天早晨5点起床。每天下午都要在一条街道（后来被命名为"康德小道"）上散步，当地居民按照他出来的时间校正手表。他晚上大约10点睡觉。这个严格的规律，他始终严守

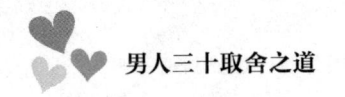

不渝，确实是常人难以做到的。每天早晨，5时将到，他的仆人出现在床头，说："先生，起床的时间到了。"只要一听仆人这样叫他，即使他前一天晚上因急事睡得很晚，也总是一跃而起。有一次，康德对他的仆人说："我最感自豪的是：每天早晨起床时，从未让你叫过第二遍。"可在他极其规律，似乎有些刻板的生活表面下，他的内心却丰富多彩，充满了各种奇妙的思想和理论。规律的生活让一个人保持旺盛的精力投入工作当中去，如果生活不规律、身体机能紊乱，身体健康就会下滑，工作事业势必受到影响。

康德的故事告诉我们，有规律的生活更健康。

另一个故事是有关NBA篮球巨星迈克尔·乔丹的。

乔丹有一次对采访他的记者说："我的生活非常规律，我从没在8点以后起床。"正因如此，他才很好地保持着身体素质和健康，即使几年不打篮球，重新又回到篮球场上时，仍能夺取3次NB小强总冠军，这跟他生活有规律有很大关系。

有研究者说，乔丹身上的肉几乎完全是肌肉，他的脂肪含量是球员里最少的。假如他生活不规律，晚上不睡觉，白天不起床，又整天胡吃海喝，没有规律，恐怕他就会像另一个NB小强球员肖恩·坎普一样胖到跳不起来投篮了！

可见，生活有规律对体质的影响是有多么重要。基佐曾经说："不和太阳同起的人，不会得到当日的快乐。"相反，一个生活不规律的人，

第八章 取健舍病——保持健康体魄，达到身心完美

不是一个健康状况良好的人。

鲁迅先生的一生，对我们应该是很有启迪的。在他成为思想文化泰斗之后，整天拜访他的人络绎不绝。有向他求教的，有让他帮忙的，还有想来害他的。每天他几乎都在忙忙碌碌中度过，和客人们谈话、抽烟。每每送走客人，已是夜深人静，可他这时却打开台灯，铺开纸张，要开始他一天的工作。每每许广平和孩子睡醒了好几次，他还在台灯下一边抽烟一边写作。

长期这种无规律的生活，严重影响了他的身体健康，积劳成疾，终于一病不起。请来医生诊断：他的肺病已是十分严重，1936 年 10 月 19 日，终因肺病，55 岁便与世长辞。

假如鲁迅先生生活规律一些，谁能断定他会这么早离开这个世界。鲁迅老先生"俯首甘为孺子牛"的精神固然值得称赞，但是这种拿身体健康来作损耗的劳碌简直就像跟死神签契约，缩短了生命的长度！

在现代社会中，我们都可以看到许多萎靡不振的人。他们的年龄不过 30 岁上下，可是看上去已经满脸疲惫，一副暮气沉沉的样子；他们走路的姿势也显摇摆不稳，他们的脸上过早地长出了皱纹，看上去一副颓废不堪的样子。以前，他们都是志向远大的人，他们多么希望一鸣惊人！但现在呢？他们已经把自己所有的资本——精力和体力都消耗干净，唯一能够促使他们成功的机器——身体，好像已经锈迹斑斑，不能再用。从年龄上说，他们应该正是"大有作为"的时候，但是从生活状态来看，他们好像已经末日降临了。

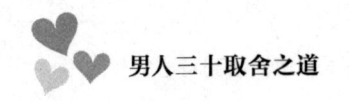

生活不规律会让你的精力大量泄漏，比如：睡眠不充足，不经常做体育运动，不肯吃有营养的食品，不肯在工作中休息一会儿，不肯把负担过重的工作放在一边等等。

一个人的身体状况和精神状态是最能影响他的姿态和气质的。在街头巷尾，我们偶然看到一个昂首挺胸、气宇轩昂、步伐稳健的军人，谁都会羡慕他那种健康的姿态。但实际上，只要是躯体没有残疾的正常人，都可以通过有规律的生活、适度的运动，来获得这种不凡的姿态，来获取对自己有信心，对工作及困难有信心的勇敢姿态。所以，不要想"保留"你的体力，你想留住的东西越多到最后守住的也就越少，让体育运动来燃烧你的激情吧！

改掉不良习惯，需要男人恒久的毅力。比如，要养成良好的姿势，只要下定决心就能做到，走路或站立的时候，身体必须挺直，两肩向后展，胸部稍微向前挺。经过这样严格的训练后，一旦养成习惯，你的姿势就会自然而然地显得美观而有生气。与此同时，威仪严正的姿势还会对你的健康与自尊心带来有益的影响。

走路时两腿必须挺直而有力，步伐坚定，千万不要像穿了拖鞋一样，两脚拖拉着。走路时两臂摆动要很自然，不要太急也不要太缓。总之，走路的姿势要像行云流水一样，美观而自然，千万不要东倒西歪、摇摆不定，或是一路跑跑跳跳。

为了不让无规律的生活损害你的健康，你必须学会节制，有计划地生活。很多时候，忙碌只是一种放纵的借口，只要你真正地把健康问题重视起来，就能够控制自己的生活，改善自己的健康状况。

第八章 取健舍病——保持健康体魄，达到身心完美

> **取舍之道**
>
> 生命就像一本五线谱，有规律，有节奏，才能谱就出完美的乐章；相反，杂乱无章的排序只能是杂音噪耳。生命的健康也是如此，只要每日养成健康的生活作息，相信30岁以后的你仍然精神焕发，体魄健壮！

合理膳食，轻松走出饮食误区

三十岁左右的男性处于成家立业的关键阶段。然而医学研究证实，三十岁的男人在生活中通常会出现头痛、失眠、心悸、胸闷、胃溃疡、便秘、腹泻、高血压、脾气暴躁等所谓的亚健康状态，殊不知这些情况都与生活饮食有着千丝万缕的关系，三十岁的男人应该懂得怎样避免这些健康中的危险"雷区"，这样才能活出更潇洒的三十岁人生！

三十岁的男人应该懂得避免生活中的健康误区，有些人虽然也想维持健康，但是因为缺乏正确的指导，反而使身体损伤更加严重。所以，三十岁的男人必须懂得避免一些健康方面的误区，才能让你更加活力焕发！

下面介绍一些饮食误区：

1. 咖啡 咖啡中含有咖啡因具有一定的提神醒脑舒缓身心的作用，

然而，喝太多的咖啡容易导致失眠和胃痛，由此产生的头痛现象更是无法避免，久而久之造成恶性循环。因此，建议每天喝咖啡不要超过两杯。

2. 酒　借酒浇愁的做法古已有之，但酒精除了给人带来短暂的精神麻醉外，并不能真正缓解紧张，焦虑的心情。而且，酒精是一种"神经毒素"，间歇过量或长期饮用均会损害脑部健康，令脑部功能终生受损。如果一定要饮酒，可以少量饮用葡萄酒。葡萄酒中的维生素B_1可以消除疲劳，维生素B_{12}又是防止贫血的主要物质，能够在一定程度上缓解压力，增强体力。

3. 烟　在心情烦躁和紧张时，不少男士会点上一根香烟，让所有的烦恼和压力都随烟飘逝，但伴随着缥缈的烟雾远逝的还有你的健康。吸烟除了能引起肺癌胃、癌，吸烟还会影响嗅觉和味觉，减少肢体末端的血液循环。由于身体外周的血液流量减少，吸烟还会降低男人的性欲。

4. 多油脂的食物　许多人在压力大的情况下会选择去大吃一顿，相对于女性，男性更容易暴饮暴食。然而，多油脂的食物不容易消化如全脂奶、冰淇淋、炸鸡、比萨、汉堡、带皮的鸡鸭肉类等高脂肪的食物，它们往往要在胃肠道里停留5～7小时，并将血液集中到胃肠道，这就很容易使人感觉疲乏和烦躁。

5. 零食　零食不再是女性的专利，在压力面前，许多男士也禁不住零食的诱惑。把重担先放一边，让我们的味蕾放纵一下。然而，好的口感却未必能带来好心情。多数零食都属于高热量、高脂肪、低营养素的"垃圾食品"，过高的脂肪易使人疲倦，过高的热量易让人发胖，心理的压力还没卸下，身上的压力却越来越大。

6. 高盐食品　洋芋片、罐头食品、方便面、香肠、火腿、热狗、卤味、腌渍品、酱油等含盐量高的食品吃多了，也会使情绪骤然紧绷。

除了注意日常饮食误区外，还应懂得合理营养巧减压：

1. 能量　大脑最喜欢"吃糖"。在糖、蛋白质、脂肪三大营养素中，糖是大脑唯一可以利用的能源。大脑的"偏食"并不是它格外挑剔，而是因为只有糖能顺利透过脑屏障进入脑组织被脑细胞利用。大脑每小时葡萄糖消耗量高达400～500毫克。研究发现连续用脑30分钟，血糖浓度在120毫克以上时，大脑反应快，记忆力强，连续用脑90分钟，血糖降至80毫克，大脑的功能尚正常；连续用脑120分钟，血糖降至60毫克、反应迟钝、思维力较差；连续用脑210分钟，血糖就会降至50毫克，这时便会头昏、头痛甚至暂时失去工作能力。久而久之，还会因脑部糖原及氧供应不足而导致失眠等神经衰弱症。因此，在疲惫之时补充一些低脂肪、易消化的小食品或水果，能使人精神振奋，精力充沛。

推荐选择：低脂糕点、切片面包、普通饼干、香蕉、苹果、果汁

慎重选择：牛角面包奶油蛋糕巧克力夹心饼干威化饼干

2. 水　没想到吧，多喝水也能减压。没错！喝水不仅能减压、而且是最经济、方便的一种减压营养素了。大脑的重量中，水分占了70%，所以缺水时会有疲倦、头痛的现象。建议每天至少要喝1500毫升的白开水，促进体内养分的运输和废物的代谢。在清晨喝一杯水，就可使脑细胞活跃起来。

推荐选择：白开水、矿泉水

慎重选择：碳酸饮料、酒精饮料、咖啡、浓茶

3. 维生素C　人在面对令人担忧的事情或持续不断的压力时，身体会产生心跳加速、血压升高、肌肉收紧等攻击或逃避反应，即所谓的"应

激反应"。维生素C可刺激肾上腺皮质素的分泌，可以对抗精神压力，又有预防感冒的作用。当人承受巨大的心理压力时，身体会消耗大量的维生素C，此时应注意补充富含维生素C的蔬菜水果，如青椒菠菜、花椰菜等绿色蔬菜，柑橘、柠檬、葡萄柚草莓、木瓜、芒果、奇异果、哈密瓜等水果。

推荐食物：柚子、草莓、木瓜、芒果、青椒、菠菜、花椰菜等

B族维生素 维生素B族是克服压力的重量级营养素，包括B_1、B_2、B_6、B_{12}、叶酸、烟碱素。许多营养学家将B族维生素视为减压剂，因为它们可以调整内分泌系统，可以维护神经系统的稳定，平衡情绪。此外，维生素B_1在脑细胞利用葡萄糖转化为能源的过程中起着举足轻重的作用，因此大脑疲劳时补充维生素B_1有助于对抗压力。胚芽米、糙米、杂粮饭全麦面包、酵母、深绿色蔬菜、豆类、干果类，动物内脏、蛋类等是B族良好的来源。

推荐食物：糙米饭、全麦面包、营养麦片、豆浆、菠菜等

4. 番茄红素 长期处于压力状态下，身体容易产生自由基。它在体内会对遇到的所有细胞进行疯狂破坏。不过自由基也有克星，那就是抗氧化物质。许多食物中都含有抗氧化物质，能有效清除体内的自由基，保护细胞的完整性，从而维护人体健康。自然界中抗氧化活性最强的就是番茄红素了，其抗氧化、清除自由基的能力远远高于维生素C和维生素E。番茄红素在西红柿西瓜和柚子中含量最高。

推荐食物：西红柿、西瓜柚子

5. 钙 是天然的神经系统稳定剂，能够抚慰情绪、松弛神经。实验证明，人在受到某种压力时，通过尿液排出体外的钙会增加。因此，凡

遇到不顺心的事，脾气不好时，注意选择含钙高的牛奶、酸奶、虾皮、豆腐、小鱼干、海带等食物，有安定情绪的效果。

推荐食物：牛奶、豆腐、虾皮、海带

6. 镁　镁也是重要的神经传导物质它可以让肌肉放松，心跳有规律。同时与含钙食品一同补充，能促进钙的吸收。富含镁的食物有：洋芋、菠菜、葡萄干、杏仁、花生、海鲜、豆类香蕉等。

推荐食物：香蕉、葡萄、杏仁、菠菜、豆浆

7. 锌　锌能够平衡血糖，使激素运转正常，血糖过低既影响工作效率也影响情绪。此外，锌是合成蛋白质和核酸的重要辅助因子。补充锌，不仅能促进智力发育，使人耳聪目明还能够延缓疲劳、振奋精神。富含锌的食物有无花果、草莓、蛋、牛奶、麦芽、瘦肉、海鲜等。

推荐食物：牛奶、鸡蛋（全蛋）、无花果、草莓等

8. 膳食纤维　长期的压力和疲劳会导致胃肠功能紊乱，如慢性便秘，消化不良或心血管疾病。食物中的膳食纤维能够帮助消化，促进肠蠕动减少胃肠疾病，维护肠胃和心脏的正常运作。补充膳食纤维最简单的方法就是多吃蔬菜水果，并以五谷杂粮代替白米，以全麦面包代替精制白面包。天然食物中，魔芋的膳食纤维含量是最高的，豆类、木耳、薯类的膳食纤维含量也非常丰富，其次是蔬菜和水果。

推荐食物：魔芋、豆类、木耳、芹菜、红薯、芹菜、苹果等；

9. 碱性食物　健康者的PH酸碱度应为7.35～7.45之间，为碱性体质。当人体处于疲劳状态时，体内酸性物质会聚，集出现易疲劳、易怒、嗜睡皮肤晦暗等症。因此，多摄取碱性食物，能使酸碱达到平衡，缓解生理和心理压力。一般来说，凡是含有钙，钠、钾、镁等元素总量

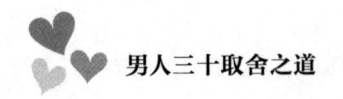

较高并在体内最终代谢呈碱性的食物，如海带、菠菜、胡萝卜、芹菜等，属于碱性食物。水果在味觉上呈酸性，但在体内氧化分解后会产生碱性物质，故也属于碱性食物，如西瓜等。要控制酸性食物、如龙虾、鸡肉、鸭肉、牛肉、猪肉等荤食的摄入量，以免破坏体内的酸碱平衡。

相信有了以上对饮食营养的合理取舍，30岁的健康资本将更加丰厚！

> **取舍之道**
>
> 　　三十岁的男人为了生活有很大压力，也有很多不得已而为之的应酬，饭局上暴饮暴食会导致健康状况急剧下降，而日常的饮食不合理也会严重影响身体的健康素质。三十岁的男人应该懂得合理饮食，这样才能活得更潇洒自然！

走出"盒子"，亲近自然

　　由于种种因素，男人不得不在固定的地点操劳一天，比如写字楼、办公室，有人形象的将其比作"盒子"。我们正是生活在各种各样的盒子里面。"人们上班的办公室是个盒子，办公室里的格子间也是，房子是盒子，电脑、车、电梯一切一切都是盒子，一个盒子套着一个盒子。

第八章 取健舍病——保持健康体魄，达到身心完美

每个人都在一个又一个盒子里生存，所以人也成了盒子。"三十岁的人生，犹如忙碌在一个又一个盒子里面，生活的压力把自己憋屈成一位"囧先生"。走出盒子似的人生，亲近大自然，才是三十岁男人拥抱健康的养生之道！

现在的男人个个都像一只忙碌的蚂蚁，从一个小盒子到一个大盒子，再到另一个盒子，貌似一周之内都是活在一个个盒子里面。盒子似的人生未免太苦闷，周末的时候亲近一下大自然，拥抱山水，相信于身心都是有百益而无一害的！

奔波在"盒子"里的男人，并非天生就长着一张苦囧的脸，去亲近大自然，返璞归真，释放自己的灵魂，相信在你陶醉于山水间的时候，压力和苦恼得以释怀，身心也得到了净化。

现在流行一种漫画，形象地刻画了白领阶层的盒子人生。"闹钟不响，马路不通，电梯不入，世界都不正常时，打卡机总是正常的。"这句独白来自一幅4格漫画，寥寥几笔就把上班族们的心声说了出来。这幅漫画中的主人公叫张小盒，他有一个方方正正的脑袋，一脸苦孩子相，以他为主角的系列漫画近半年来在网络上热得烫手。漫画创作团队对张小盒的定义是一个普通的小白领，"有些无奈，有些无辜，也有些理想和激情。他擅长加班，不擅长追女孩，不擅长讨好老板，爱情、金钱、生活都比较匮乏。"

这个创意很快得到众人尤其是男人的共鸣，因为他们同样生活在这些逼仄的"盒子"空间里头。怎样才能让这逼仄的盒子空间增加一点绿意呢？有专家提议在卧室内放几盆植物也是有益于健康的。

绿色植物可以有效净化室内的空气，吸收装修装饰材料中释放出来的

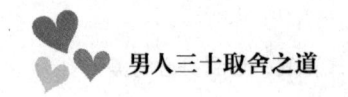

毒气，而这些毒气通常几年甚至几十年都飘浮在居室的每个角落。而几盆小花草的力量却很神奇，与那些无色无味的有毒气体对人体的危害一样，这些小花草与毒气的对抗同样的无声无息地，在静默的日日夜夜后，新鲜、充足的氧气会充盈一室，这种变化是可以感觉得到的，触摸得到的。

所以，养几盆花草，对长期待在"盒子"里的人的生命质量的提升有很大的意义。且不说从花草世界里会得到什么样的人生提示，单是花草本身的清丽和美丽就会为我们带来洁净和愉悦，没有人会拒绝用一片绿色或一袭清香来装点自己的家园。关于旅游解压的调查中我们发现，现代男性的生活压力不小，有四成人表示生活压力非常大，另外有六成人表示有一些压力。而在青睐的解压方式的多项选择中，以"旅游"占据榜首，成为超过七成男性的首选，在家宅着和运动也分别有三成网友投票。

同时，在各种类型的旅游线路上，休闲享受型最受欢迎，成为六成网友的首选，其次为观光型，有超过两成网友选择，而探险型及历史文化型加起来不到一成，证明女人们对出外旅游，仍讲究一个"舒服、放松"，更愿意享受轻松愉快的旅行，而不愿意太过沉重或刺激的主题。

在选择出游的时间和同伴上，三至四天的出游时间最为适合，有接近一半的支持率，一至两天的行程成为第二选择，选择双休日或者法定假日剧出游，因此短线游成为最受欢迎的方式。同时，有接近一半的人表示，会选择家人与自己出行，看来，男人们还是放不下最重要的"家"，选择独自逃跑或与女友出行的网友加起来只占两成。而且，选择自游行的网友占了绝对比例，有77%的支持率。当然，外出旅游只是男士走出户外的一种形式，我们并不是说要逃离"盒子"，而是提醒三十岁的男人，生活是劳逸结合的，忙于工作的同时，别忘了给自己的心情放放假。

第八章 取健舍病——保持健康体魄，达到身心完美

运动健身的天时地利。大自然中的空气、阳光和水对增强人的体质起着非常重要的作用。新鲜空气中的氧气可以促进某些营养素的氧化、更好的供给身体能量、增强全身组织细胞的生命力。阳光中的紫外线可以杀灭空气中和皮肤上的细菌，使皮肤更有抵抗力，红外线可以加速血液循环，提高组织细胞的生命力。在这美丽的季节，我们正好可以把握自然给予我们的帮助，利用合理的运动来提高自身的抵抗力、增强体质户外到处生机勃勃，是人们强健体魄的好地方。男人经常进行户外锻炼，可吸入更多的氧气和负离子，改善机体新陈代谢。此外，男人进行有氧锻炼，出几身大汗，可以排毒健身，保证这一年身体更健康。

散步

散步是一种很好的健身行走，特别是早晨的散步。如果每天早上都能坚持走20分钟以上，保持心率在100-120次／分左右，就可以舒展四肢，加快血液循环和新陈代谢。散步由于运动量不算大，对处于亚健康和体质稍弱的男人特别有益。如果有条件，坚持早起到公园里或者在空气比较好的空地走一走，就能在很大程度上一解男人的疲惫之感。

踢毽子

小小的毽子有很大的健身作用。通过踢毽子的踢踢跳跳，腿部运动在加强，可以延缓男人的衰老。与此同时，抬腿、跳跃、屈体、转身等动作使得脚、腿、腰、身、手等各部位得到锻炼，还能提高关节的柔韧性和身体灵活性。踢毽子时每分钟心跳能达到150-160次，是很好的促进血液循环的运动。至于踢毽子能锻炼大脑和眼睛的灵敏反应，那就更不在话下了。

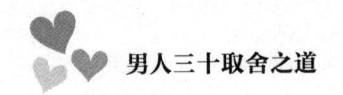

健身跑

如果觉得散步不过瘾，不妨到户外跑一跑。跑步对提高心肺功能非常有好处，可以加快血液循环、增大肺活量，同时还能减肥。如果每天都能坚持跑上半小时，保持心率在 120-150 次/分钟（能力高的人甚至达到 150-180 次/分钟），健身效果就比较好。至于跑步的时间则因人而异。

骑单车

男人骑单车是一种心灵放逐的愉悦。骑着这种靠体力去踩的脚踏车，穿越周围像画卷一样美妙的风景，顿时感觉这不仅是一种健身运动，更是一种心灵放逐的愉悦。人的手和脚上有许多人体相应的穴位，当你紧握车把用力蹬单车时，实际上已经不知不觉开始了身体的穴位按摩。骑单车不仅能借腿部运动使血液循环加速，也强化了微血管组织。

可见，走出去亲近大自然是最好的养生方法。三十岁的男人应该让自己的生活多一点绿意，日常工作中可以让大小不一的盒子装饰一些绿意，周末可以出去旅游亲近大自然，这样的男人才活得更健康自然！

取舍之道

在封闭狭隘的空间里忙忙碌碌的白领们，渐渐忘记了性灵的释放。长此以往，势必影响健康。不妨在工作场所放置些绿色植物，周末的时候常去郊外透透气。和自然亲近的男人，就像一阵清风，会给人留下清新自然的健康印象。

第八章 取健舍病——保持健康体魄，达到身心完美

为了健康，请戒除不良习惯

现代男士忙碌于工作，常常往返于各种饭局，吸烟、喝酒几乎已成了每日的必修课，殊不知这种不良习惯已经严重影响到了他们的身体健康，正在损耗着生命的长度。如果三十岁岁的你想一直呵护好自己的健康，那么就不妨从身边做起，先戒除这些不良习惯，相信你会活得更健康长寿！

生活中，三十岁男人忙于工作，往往忽视了自己的生活品质，养成了诸多的不良生活方式，而这些不良的生活习惯和方式最后也会彻底损害他们的健康。

以下是常见的不良生活习惯和方式。

（1）不吃早餐

许多三十岁的男人认为自己身体很棒，习惯不吃早餐。不吃早餐会损伤男人的肠胃，使人无法精力充沛地工作，而且还容易衰老。美国加州大学最近一次调查发现，在接受研究的4000个30岁左右的男人中，习惯不吃早餐的人死亡率高于对照组。

（2）很少喝水

有些人为了工作和少上卫生间而尽量少喝水，结果造成饮水不足，体内水分减少，血液浓缩及黏稠度增大，容易导致血栓形成，诱发心脑血管疾病，还会影响肾脏清除代谢的功能。所以在没有心脏和肾脏疾患的前提下，我们要养成"未渴先饮"的习惯，每天饮水1000～1500ml，这样有助于预防高血压、脑出血和心肌梗死等疾病的发生。加拿大著名

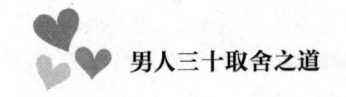

的精神医学博士阿·霍发就提出过"摄取水分不足将导致脑的老化"的学说。

（3）吸烟成瘾

美国疾病控制与预防中心吸烟与健康研究室研究发现，吸烟是引发白血病的因素之一。与不吸烟的人相比，吸烟者患白血病的危险高出15倍。有证据说明，吸烟者一旦戒了烟，患白血病的危险也随之降低。

三十岁的男人吸烟一般都已有了相当的岁月，所以咽炎、气管炎等发生率很高。由于继续吸烟，这些疾病便经久不能好转，并且越来越重，可引起一系列连锁反应：发生肺气肿，再影响心脏，发生肺源性心脏病，然后影响到大脑；发生肺性脑病。

（4）经常熬夜

熬夜对人体的伤害不容忽视，这种发生在黑夜里的伤害对人体健康的不良影响有很多，比如使人体免疫力下降、导致胃肠道的多种疾病、导致心脏病等。

许多年前，坐办公室上班是太多人理想的工作状态。可殊不知，近些年来，常坐办公室却给职场人的健康造成了极大隐患。这不，有人对最影响职场人健康的四大不良习惯进行了总结，世界工厂网小编与您分享如下。

（5）久坐不动

这是上班族的男人健康的头号大敌。有些人一到办公室，就像粘在椅子上一样，想跟邻座说话，都懒到要坐在椅子上用滚轮滚过去。久坐不仅让颈椎病找上门，高血压、糖尿病等慢性病也会光顾。

每1小时，弯弯腰、扭扭腿、伸伸臂、转转脖子、搓搓脸。如果不

第八章 取健舍病——保持健康体魄，达到身心完美

想引人注目，可以去趟卫生间或洗把脸，强迫自己站起来溜达。也可以做做隐蔽的劳动，比如把凌乱的物品摆整齐，清扫桌椅灰尘。

男人可以通过转移注意力的做法戒除不良习惯，长期坚持下来，不但可以缓解精神压力，还可以让自己变得更加健康。在一场会议的间隙，一位三十岁左右先生掏出了一个蓝色小盒，不少糖果摆放其中，他挑出了几颗糖果悠然"享受"起来。

他叫王欣，是深圳一家贸易公司市场总监。王欣的零食盒，是半年前妻子为他准备的，本意是为了给他戒烟，可后来，吃零食逐渐成了他的一种习惯，里面放的内容也在不断调整，不同果味的糖果、维生素、钙片等都是盒子里的常客。王欣说，由于工作需要，他经常要参加很多订货会，会议的空隙嚼点糖果，不仅可以打发无聊，而且还能让自己放松。

一家建筑单位的一名男性工程师也有含钙片的习惯，他办公室的同事中，一些人也随身备有果C等小零食。

营养专家说，小药片、糖果等零食，对职场人士有不错的缓解心理压力的功效。不少人通过咀嚼小零食，放松紧张的神经。男人的任何成功，都是身心相互配合的结果。运动员是以开发身体潜能为主，假如缺少了合理的膳食，和健康向上的积极心态，没有大脑的聪明灵敏和正确的判断力，就不可能取得成功。同样，世界上诸多的政治家、科学家、艺术家、作家、企业家等人士之所以走向成功，与他们健康、良好的身心素质有着决定性的因素。

健康是我们一生中最大的"本钱"，健康除了锻炼，还要从合理膳

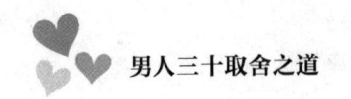

食开始。男人健康的重要性无可替代，也无可比拟，人生能获得最大奖赏，莫过于健康，可以说，健康就是生命，我们要对健康负责——珍惜自己的健康。男人拥有健康，一切皆有可能。

男人珍惜自己的健康就是给自己的幸福创造幸福，不要为了工作和赚钱就透支自己的身体，殊不知，你现在的盲目透支身体，等于是在透支自己年轻的生命。请珍重你的健康吧，因为你的健康就是全家的幸福。

取舍之道

古语曰："人之初性本善"，其实，人之初体亦本康。只是由于现代人忙于事业，沾染了一些不好的习惯，严重损耗了自己的健康，甚至让自己过早的出现一些疾病。三十岁的男人应该戒除诸如此类的不良嗜好，还自己健康一片清新。

心理健康才能潇洒职场

男人到了三十岁，要注重身体健康，更要注重心理健康，因为现代社会给男人的压力太多，男人压力太大而又无处发泄，长期积压，也会闷出病来，所以心病还须心药医，心理健康，身体才能健康。三十岁的

第八章 取健舍病——保持健康体魄，达到身心完美

男人应该保持内心的积极健康，这样才能达到身心完美！

男人的心理健康其实是一种持续的心理状态，在这种状态下，当事人能够有良好的适应能力，具有生命的活力，并能发挥本身的能力和潜力。不难想象，男人的心理健康程度对他们的成功有多大的影响。

很多男人对于自己的心理健康都十分自信，但心理健康是难以通过仪器来检测的，男人的心理健康参差不一。心理专家指出，心理健康的标准是：凡对一切有益于心理健康的事件或活动作出积极反应的人，其心理便是健康的。心理学家的这个标准过于抽象，以下几点从不同方面给出了心理健康的应有状态。

一、了解自己

孔子说过："知己者明，知人者智。"我们只有了解自己，接受自己，才有可能是幸福的，是健康的。男人了解自己的长处，就会清楚自己的发展方向；了解自己的缺陷，才会少犯错误，避免去做一些自己力所不能及的事情。

二、面对现实

这是很多人都难以做到的事情，我们可能没有出生在一个富贵的家庭；我们的工作可能也不尽如人意；我们的爱人可能也不精明能干、体贴入微；我们的孩子可能也不都聪明伶俐、顺从听话；我们也可能正在遭遇着挫折和磨难……但是，我们只有先正视这一切，接受这一切，在此基础上，才有改变的可能性。只有认清现实，接受现实，脚踏实地，我们才能有更大的收获。

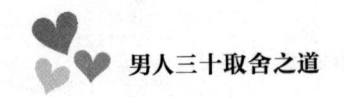

三、与人为善

男人生活在这个社会中，就像鱼生活在水中一样，离开了他人，离开他人的帮助，人将无法生存。有心理学家统计，人生80%左右的烦恼都与自己的人际环境有关。对别人吹毛求疵，动辄向他人发火，侵犯他人的利益，不注意人际交往的分寸，都将给自己带来无尽的烦恼。

四、承担责任

敢于担当的男人最有魅力，除了襁褓中的婴儿之外，每个人都有自己的责任和工作。儿童要尊重父母，做自己力所能及的事，成年人要承担家庭和社会的重担，在工作中获得谋生的手段并得到承认和乐趣。所以，失业给成人的打击不仅是经济上，而且是心理上的，它会使人丧失价值感，带来心理危机。能够勇敢地承担责任、从工作中得到乐趣的人，才是真正成熟、健康的人。

意大利著名画家达·芬奇说："劳动一日，方得一夜安寝；勤劳一生，可得幸福的长眠"。而逃避责任、逃避工作只能让男人感到烦躁和悔恨。

五、控制情绪

能掌控自己情绪的男人才是理性的男人。情绪在心理健康中起着重要的作用，心理健康者经常能保持愉快、开朗、自信和满意的心情，善于从生活中寻求乐趣，对生活充满希望。反之，经常性的抑郁、愤怒、焦躁、嫉妒等则是心理不健康的标志。当一个人心理十分健康时，他的情绪表达恰如其分，仪态大方，既不拘谨也不放肆。

六、塑造人格

男人的人格影响着他今后的生活，人格是人所有稳定的心理特征的总和。心理健康的最终目标就是保持人格的完整性，培养出健全的人格。有一则印度谚语说：态度决定行为，行为决定习惯，习惯决定人格，人格决定命运。我们的性格和命运正是由我们自己每时每刻的行动自我雕塑而成。

七、有家有业

家和事业是成年男性责任与压力的源头。家庭的和睦与事业的成功绝非水火不容，它们的关系是相互促进的，"家和万事兴"，无力"齐家"，恐怕也无力"平天下"。在处理好二者之间的关系时，更应具备一个健康的心态。

八、取之有道

"君子好财，取之有道。"一方面是说光明正大的增加收入，另一方面也可以说是以一个健康的心态对待自己的私欲。在嫉妒和眼红之外，以一颗平常心对待花花世界里的诱惑。老天总是会把机会给那些勤奋的人的。

心理健康与否，很大程度上是由于人们的心态在作怪，凡事往积极的方面想，你的面前就豁然开朗。

一位哲人曾经讲过一个故事：说的是一个少妇投河自尽，被正在河中划船的老艄公救上了船。

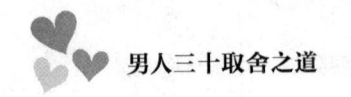

艄公问:"你年纪轻轻的,为何寻此短见?"

少妇哭诉道:"我结婚两年,丈夫就遗弃了我,接着孩子又不幸病死,你说,我活着还有什么乐趣?"

艄公又问:"两年前你是怎样过的?"

少妇说:"那时候,我自由自在,无忧无虑。"

"那时候你有丈夫和孩子吗?"

"没有。"

"那么,你不过是被命运之船送回到了两年前,现在你又自由自在,无忧无虑了。"

少妇听了艄公的话,心里顿时产生了一条活路,便告别艄公,高高兴兴地跳上了对岸。

不知这个故事对身在愁苦中的男人有没有启示?其实,人的心态是可以随时随地转化的,有时变好,有时变坏。同样一件事,如果你心往好处想,心情就变好,如果你往坏处想,心情马上就变坏。

好心情可以给你信心,成就你的事业;可以帮助你战胜困难,走出逆境;可以帮助你挑战命运,重新点燃生命之灯。同时,一个精神充实、生活充满快乐的人,他也必然是一个心理健康的人。而心理健康是生理健康的基础、是延年益寿的保证。

我们都知道,身体的生长发育需要各种营养,如蛋白质、脂肪、糖、无机盐、维生素和水等,事实上,心理"营养"也非常重要,若严重缺乏,则会影响心理健康。那么,人重要的心理健康"营养素"有哪些呢?

首先,最为重要的精神"营养素"是爱。

第八章 取健舍病——保持健康体魄，达到身心完美

爱能伴随人的一生。男人的社会责任重大，同事、亲朋和子女之爱十分重要，它们会使男人在事业家庭上倍添信心和动力，让生活充满欢乐和温暖。爱有十分丰富的内涵，不单指情爱，还包括关怀、安慰、鼓励、奖赏、赞扬、帮助和支持等。一个人如果长期得不到别人尤其是自己亲人的爱，心理会出现不平衡，进而产生障碍或疾患。

第二种重要的精神"营养素"是宣泄和疏导。

无论是转移回避还是设法自慰，都只能暂时缓解男人的心理矛盾，求得表面上的心理平衡，治的只是标，而适度的宣泄具有治本的作用，当然这种宣泄应当是良性的，以不损害他人、不危害社会为原则，否则会恶性循环，带来更多的不快。比如，当你心情压抑时，可以去踢足球，通过运动释放自己的压力；遇到不顺心的事对亲人和好友诉说，把心里的不快倒出来，这就是宣泄。

与此同时，也希望有人帮助自己解开心里的疙瘩，或帮助出出好主意。宣泄和疏导都是维护心理平衡的有效办法。心理负担若长期得不到宣泄或疏导，则会加重心理矛盾进而成为心理障碍。

第三，善意和讲究策略的批评，也是重要的精神"营养素"。

它能够帮助男人明辨是非，改正错误，进而不断完善自己。男人如果长期得不到正确的评判，势必会滋长骄傲自满的毛病，固执、傲慢、处以为是等，这些都是心理不健康发展的表现，但是，过于苛刻的批评和伤害自尊的指责会使人产生逆反心理，严重的会使人自暴自弃、脱离集体，直至难以自拔。所以，遇到这种"心理病毒"时，就应提高警惕，增强心理免疫能力，我们平时应多亲近有知识、有德行、值得信赖的人，这样就比较容易获得这种健康的"营养素"。

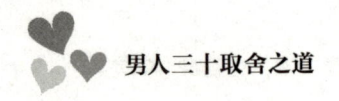

第四，宽容也是心理健康不可缺少的"营养素"。

人生百态，万事万物难免都能够顺心如意，无名火与萎靡颓废常相伴而生，宽容是脱离种种烦扰，减轻心理压力的法宝。但宽容并不是逃避，他是豁达与睿智的。

保持心理健康的关键是要学会自我调适，善于驾驭个情感，做到心理保护上的自立、自觉，主动为自己补充健康的心理营养素，在必要时，也给他人提供能够让心理健康的"营养素"。

第五，坚强的信念与理想也是重要的精神"营养素"。

理想和信念的力量是惊人的，它对于心理的作用尤为重要，在生命的旅途中，我们常常会遭遇各种挫折和失败，会陷入某些意想不到的困境，这时，信念和理想犹如心理的平衡器，它能帮助人们保持平稳的心态，度过坎坷与挫折，防止偏离人生轨道，进入心里暗区。

三十岁男人有了以上心理健康参照标准，相信一定会成为一位身心俱美的好好先生！

取舍之道

男人的许多现代病大多是由于压力过大、心理情绪不能疏导而致。作为三十岁的男人，处于事业的奋斗期，千万不要轻视了心理健康问题，如出现问题就要及时疏导，让自己成为一个"认识自己"的睿智男士，同时兼有博爱的情怀，相信你一定会优雅从容地走下去，并且继续开拓美好的未来！